Andreas Belke

Vergabepraxis für Auftragnehmer

Andreas Belke

Vergabepraxis für Auftragnehmer

Rechtliche Grundlagen – Angebot – Durchführung

PRAXIS

**VIEWEG+
TEUBNER**

Bibliografische Information der Deutschen Nationalbibliothek
Die Deutsche Nationalbibliothek verzeichnet diese Publikation in der
Deutschen Nationalbibliografie; detaillierte bibliografische Daten sind im Internet über
<http://dnb.d-nb.de> abrufbar.

1. Auflage 2012

Alle Rechte vorbehalten
© Vieweg+Teubner Verlag | Springer Fachmedien Wiesbaden GmbH 2012

Lektorat: Karina Danulat | Annette Prenzer

Vieweg+Teubner Verlag ist eine Marke von Springer Fachmedien.
Springer Fachmedien ist Teil der Fachverlagsgruppe Springer Science+Business Media.
www.viewegteubner.de

Technische Redaktion: Annette Prenzer
Umschlaggestaltung: KünkelLopka Medienentwicklung, Heidelberg
Druck und buchbinderische Verarbeitung: AZ Druck und Datentechnik, Berlin
Gedruckt auf säurefreiem und chlorfrei gebleichtem Papier
Printed in Germany

ISBN 978-3-8348-1500-2

Vorwort

Die Auftragsbeschaffung ist für den Unternehmer im Bauhaupt- und -nebengewerbe eine zentrale und kostenspielige Aufgabe. Ist die privatwirtschaftliche Auftragsbeschaffung noch von vielen Möglichkeiten der Korrekturen geprägt, so kennt der Öffentliche Auftraggeber durch den Formalismus des Vergaberechts kaum Korrekturen, wenn das Angebot einmal abgegeben wurde. Daher ist es sinnvoll, Ausschreibungsverfahren möglichst ohne Fehler zu absolvieren, damit die Arbeit der Angebotskalkulation nicht sinnlos war und der Bieter am Wettbewerb teilnehmen kann.

Dieses Buch zeigt dem Unternehmer die einzelnen Verfahrensschritte, angefangen mit der Bekanntmachung von Ausschreibungen bis zur Zuschlagserteilung. Die Hürden des Verfahrens sollen möglichst ohne ein Ausscheiden aus dem Wettbewerb bewältigt werden. Hierzu werden die wesentlichen Aspekte eines Vergabeverfahrens unter Berücksichtigung der VOB/A (i. d. F. 2009) behandelt und Problemlösungen aufgezeigt. Anhand von Mustertexten wird dem Unternehmer z. B. gezeigt, wie der Auftraggeber um Auskunft gebeten wird oder dieser eine Beschwerde erhält. Damit können beide Seiten auf Augenhöhe zueinander agieren.

Ahaus im Oktober 2011   Andreas Belke

Inhaltsverzeichnis

Verzeichnis der Formblätter und Mustertexte

1 Einleitung

Das Vergaberecht, das faktisch kein Recht, sondern auf nationaler Ebene eine Verwaltungs-anweisung darstellt, ist durch zwingende und konjunktive Vorschriften geprägt. Hierdurch kann es leicht zu Angeboten führen, die nicht den Anforderungen der VOB/A entsprechen. Die Folge hiervon ist, dass die Erstellung des Angebots vergeblich war. Somit sind an die Ange-botserstellung im Bereich der öffentlichen Hand wesentlich höhere Anforderungen gestellt als im Bereich der privatwirtschaftlichen Auftragsbeschaffung, die letztendlich nur durch das Werkvertragsrecht geprägt ist, da der private Auftraggeber nicht automatisch an die VOB/A gebunden ist.

Dieses Buch wendet sich an alle Unternehmerinnen und Unternehmer und deren Mitarbeite-rinnen und Mitarbeiter, die sich an Ausschreibungen der öffentlichen Hand beteiligt haben oder beteiligen werden.

Die Interaktion zwischen Planer und Öffentlichem Auftraggeber (ÖAG) und Bewer-bern/Bietern wird hier herausgestellt.

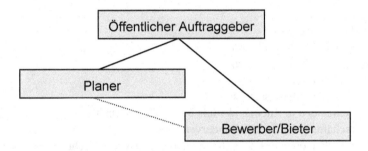

Dieses Buch kommentiert keine Gerichtsurteile mit allen möglichen Auslegungsvarianten in der Rechtsprechung. Vielmehr werden allgemeine Sachverhalte des Vergaberechts pragma-tisch dargestellt. Hierbei sollen Tipps und Beispiele wesentliche Schritte, angefangen über die Bewerbungsphase bis hin zur Zuschlagserteilung, transparenter machen.

Das Vergaberecht definiert „Spielregeln", die gewährleisten sollen, dass ein einheitlicher und ausgeglichener Wettbewerb zwischen dem Spielführer (ÖAG) und den Spielern (Bewerber und Bieter) stattfindet.

Die bestehende Rechtsprechung, die vielfach für Klarheit bzgl. der „Spielregeln" sorgte, ist auch auf die 2009er VOB/A anzuwenden. Denn anders als bei der 2009er HOAI wurde die VOB/A nicht in ihren Grundmauern verändert. Der Begriff „Novelle" ist für die neue VOB/A zutreffend, da hier einzelne Teile abgeändert wurden. In einigen Fällen gibt es noch keine Hilfe durch Rechtsprechung. So werden Gerichte erst abschließend klären müssen, wann der Preis einer einzelnen Position unwesentlich ist oder bestehende Rechtsprechung nicht mehr passt, weil Normierungen entfallen sind wie z. B. die „wichtigen Hinweise" an die Bewerber.

1.1 Öffentliche Auftraggeber

Öffentliche Auftraggeber sind Institutionen der Bundesregierungen, der Länder, Regionen und Kommunen. Auch Körperschaften, Anstalten und Stiftungen öffentlichen Rechts sowie juristische Personen des öffentlichen Rechts fallen hierunter, sofern sie Aufgaben im Allgemeininteresse wahrnehmen oder staatlich kontrolliert sind. Darunter fallen Krankenhäuser, Sozialversicherungen, Bildungseinrichtungen, Wasser- und Energieversorger, Wirtschaftskammern, Verbände und viele andere Einrichtungen.

1.1.1 Begriff

Der Begriff des ÖAGs ist definiert im § 98 Gesetz gegen Wettbewerbsbeschränkungen (GWB).[1] Danach liegt die (öffentliche) Auftraggebereigenschaft zunächst nur bei der klassischen öffentlichen Hand vor. Der Auftraggeber im Sinne des 4. Teils der GWB steht im Kontext des EU-Vergaberechts; aber auch private Auftraggeber werden hiernach unter Umständen von dem Begriff erfasst (§ 98 Nr. 2–6 GWB).

Hierbei sind insbesondere die Gebietskörperschaften aus § 98 Nr. 1 GWB zu nennen. Darunter fallen:

- der Bund,
- die Länder,
- in Bayern zudem die Bezirke,
- in den Flächenländern: die Landkreise, Kreise, der Regionalverband Saarbrücken, Region Hannover und die Städteregion Aachen,
- die Gemeinden einschließlich der Städte,
- die Samtgemeinden in Niedersachsen und
- die Verbandsgemeinden in Rheinland-Pfalz und Sachsen-Anhalt,
- Gebietskörperschaften sowie deren Sondervermögen,
- andere juristische Personen des öffentlichen und des privaten Rechts, die zu dem besonderen Zweck gegründet wurden, im Allgemeininteresse liegende Aufgaben nichtgewerblicher Art zu erfüllen, wenn Stellen, die unter Nummer 1 oder 3 fallen, sie einzeln oder gemeinsam durch Beteiligung oder auf sonstige Weise überwiegend finanzieren oder über ihre Leitung die Aufsicht ausüben oder mehr als die Hälfte der Mitglieder eines ihrer zur Geschäftsführung oder zur Aufsicht berufenen Organe bestimmt haben. Das Gleiche gilt dann, wenn die Stelle, die einzeln oder gemeinsam mit anderen die überwiegende Finanzierung gewährt oder die Mehrheit der Mitglieder eines zur Geschäftsführung oder Aufsicht berufenen Organs bestimmt hat, unter Satz 1 fällt,
- Verbände, deren Mitglieder unter Nummer 1 oder 2 fallen,
- natürliche oder juristische Personen des privaten Rechts, die auf dem Gebiet der Trinkwasser- oder Energieversorgung oder des Verkehrs oder der Telekommunikation tätig sind, wenn diese Tätigkeiten auf der Grundlage von besonderen oder ausschließlichen Rechten ausgeübt werden, die von einer zuständigen Behörde gewährt wurden, oder wenn Auftraggeber, die unter Nummern 1 bis 3 fallen, auf diese Personen einzeln oder gemeinsam einen beherrschenden Einfluss ausüben können,

---

[1]   Zuletzt geändert durch Art. 13 Abs. 21 Bilanzrechtsmodernisierung G2 vom 25. 5. 2009 (BGBl. I S. 1102)

- natürliche oder juristische Personen des privaten Rechts in den Fällen, in denen sie für Tiefbaumaßnahmen, für die Errichtung von Krankenhäusern, Sport-, Erholungs- oder Freizeiteinrichtungen, Schul-, Hochschul- oder Verwaltungsgebäuden oder für damit in Verbindung stehende Dienstleistungen und Auslobungsverfahren von Stellen, die unter Nummern 1 bis 3 fallen, Mittel erhalten, mit denen diese Vorhaben zu mehr als 50 vom Hundert finanziert werden,
- natürliche oder juristische Personen des privaten Rechts, die mit Stellen, die unter Nummern 1 bis 3 fallen, einen Vertrag über die Erbringung von Bauleistungen abgeschlossen haben, bei dem die Gegenleistung für die Bauarbeiten statt in einer Vergütung in dem Recht auf Nutzung der baulichen Anlage, ggf. zuzüglich der Zahlung eines Preises besteht, hinsichtlich der Aufträge an Dritte (Baukonzession).

Viele der ÖAG, die hierzu gehören, müssen sich auf nationaler Ebene nicht an die VOB/A halten, da deren innerdienstliche Anweisungen die Auftragsbeschaffung nach den Regen der VOB/A eben nicht vorsehen.

1.1.2 Sektorenauftraggeber

Der Begriff Sektorenauftraggeber definiert im Vergaberecht Auftraggeber, die aufgrund eines auf monopolähnlichen Strukturen begründeten Einflusses des Staates und einer hieraus folgenden Abschottung der Märkte auf den Gebieten der Trinkwasserversorgung, der Energieversorgung (bestehend aus den Bereichen Elektrizitäts-, Gas- und Wärmeversorgung), des Verkehrs oder ab dem 1. Januar 2009 auch der Postdienste zur Vergabe von Aufträgen verpflichtet sind. Hierunter fallen nach § 98 Nr. 4 GWB auch solche natürlichen oder juristischen Personen des Privatrechts, die in den oben genannten Sektoren auf der Grundlage von besonderen oder ausschließlichen Rechten tätig sind.

1.2 Rechtliche Grundlagen

Die Bestimmungen des Vergaberechts auf nationaler und europäischer Ebene dienen der öffentlichen Hand und den beteiligten Unternehmen bei der Vergabe von Aufträgen als Rechtsgrundlage und Leitlinie. Dabei sind folgende wesentliche Ziele zu beachten:[2]

- Gewährleistung von ungehinderten, transparenten und nicht diskriminierenden wettbewerblichen Vergabeverfahren,
- Beachtung des Prinzips der Wirtschaftlichkeit und Sparsamkeit durch den ÖAG bei öffentlichen Beschaffungen,
- Bekämpfung von Korruption,
- Besondere Berücksichtigung mittelständischer Wirtschaftsinteressen.

---

[2] Niedersächsisches Ministerium für Wirtschaft, Arbeit und Verkehr

1.2.1 Bauleistung

Ergibt sich für den Bund, die Länder, die Städte oder die Gemeinden die Notwendigkeit, Bauleistungen auszuführen, so müssen die Verwaltungen, gemäß Bundes-, Landes- oder kommunalrechtlicher Vorschriften eine Preisanfrage bei mehreren Firmen durchführen.

Unter Bauleistungen sind gemäß § 1 VOB/A Arbeiten zur Herstellung, Instandhaltung, Änderung oder zum Abbruch an einer baulichen Anlage zu verstehen. Dieser Begriff, der dem § 2 Abs. 2 Musterbauordnung (MBO) entnommen ist, definiert alle mit dem Erdboden verbundenen, aus Baustoffen und Bauteilen hergestellten Werke als bauliche. Dabei besteht die Verbin-

Tabelle 1-1   Bauleistungen nach VOB/C

Erdarbeiten	Bohrarbeiten	Brunnenbauarbeiten
Verbauarbeiten	Rammarbeiten	Wasserhaltungsarbeiten
Entwässerungskanalarbeiten	Druckrohrleitungsarbeiten im Erdreich	Dränarbeiten
Einpressarbeiten	Sicherungsarbeiten an Gewässern, Deichen und Küstendünen	Nassbaggerarbeiten
Untertagebauarbeiten	Schlitzwandarbeiten mit stützenden Flüssigkeiten	Spritzbetonarbeiten
Verkehrswegebauarbeiten, Oberbauschichten ohne Bindemittel	Verkehrswegebauarbeiten, Oberbauschichten mit hydraulischen Bindemitteln	Verkehrswegebauarbeiten, Oberbauschichten aus Asphalt
Verkehrswegebauarbeiten, Pflasterdecken, Plattenbeläge, Einfassungen	Rohrvortriebsarbeiten	Landschaftsbauarbeiten
Gleisbauarbeiten	Mauerarbeiten	Beton- und Stahlbetonarbeiten
Naturwerksteinarbeiten	Betonwerksteinarbeiten	Zimmer- und Holzbauarbeiten
Stahlbauarbeiten	Abdichtungsarbeiten	Dachdeckungs- und Dachabdichtungsarbeiten
Klempnerarbeiten	Betonerhaltungsarbeiten	Putz- und Stuckarbeiten
Fliesen- und Plattenarbeiten	Estricharbeiten	Gussasphaltarbeiten
Tischlerarbeiten	Parkettarbeiten	Beschlagarbeiten
Rollladenarbeiten	Metallbauarbeiten, Schlosserarbeiten	Verglasungsarbeiten
Maler- und Lackierarbeiten	Korrosionsschutzarbeiten an Stahl- und Aluminiumbauten	Bodenbelagarbeiten
Tapezierarbeiten	Holzpflasterarbeiten	Raumlufttechnische Anlagen
Heizanlagen und zentrale Wassererwärmungsanlagen	Gas-, Wasser- und Abwasser-Installationsarbeiten innerhalb von Gebäuden	Elektrische Kabel- und Leitungsanlagen in Gebäuden
Blitzschutzanlagen	Förderanlagen, Aufzugsanlagen, Fahrtreppen und Fahrsteige	Gebäudeautomation
Dämmarbeiten an technischen Anlagen	Gerüstarbeiten	

dung zur Erde auch dann, wenn die Anlage durch die Schwerkraft im Boden ruht oder sich in einem sehr begrenzten ortsfesten Rahmen bewegen kann. Weiterhin gelten auch Aufschüttungen und Abgrabungen sowie künstliche in der Erde liegende Hohlräume als bauliche Anlage. Der Begriff umfasst auch Arbeiten an einem Grundstück, wobei hier gilt, dass die Erde bewegt werden muss. Vereinfacht ausgedrückt zählen mindestens alle in der VOB/C aufgelisteten Leistungen zu Bauleistungen.

1.2.2 Vergaberecht

Das Vergaberecht definiert die Regeln der öffentlichen Auftragsvergabe.

Ursprünglich prägte das Haushaltsrecht das Vergaberecht mit den Grundprinzipien der Sparsamkeit, der Wirtschaftlichkeit und der gesicherten Haushaltsmitteldeckung. Der Aspekt der Sparsamkeit und Wirtschaftlichkeit wurde durch den freien Wettbewerb erfüllt. Die Auftragsvergabe war damit lediglich dem Privatrecht unterworfen. Der öffentliche Beschaffungsvorgang unterlag lediglich dem Haushaltsrecht.

Die Unternehmen waren damit der Willkür des freien Marktes ausgesetzt. 1926 trat, zum Schutz eines fairen Wettbewerbs, die Verdingungsordnung für Bauleistungen mit dem Teil A in Kraft. Damit lagen erstmals Regeln vor, die die Interessendifferenzen zwischen Beschaffungswunsch und Auftrag in Einklang brachten.

Obwohl heute 90 % aller Auftragsvergaben auf nationaler Ebene abgewickelt werden, dominiert das europäische Vergaberecht die Entscheidungen zu Vergaberechtsfragen. Dies wird auch daran liegen, dass auf nationaler Ebene eben keine Rechtsnorm und somit keine subjektiven Bieterrechte existieren. Denn die Vorschriften in den Abschnitten 1 von VOB/A beruhen nicht auf den Vorgaben der europäischen Vergaberichtlinien sowie von GWB und Vergabeordnung (VgV). Sie verfolgen vielmehr den Zweck, entsprechend der haushaltsrechtlichen Grundsätze in der Bundeshaushaltsordnung und den verschiedenen Landeshaushaltsordnungen eine sparsame und wirtschaftliche Vergabe öffentlicher Aufträge sicherzustellen.

Die Länder und der Bund verlangen für die Durchführung von Vergabeverfahren, bei denen Drittmittel zur Verfügung gestellt werden, die strikte Einhaltung der VOB/A. Bei schwerwiegenden Verstößen behalten sie sich eine Rückforderung der bewilligten Mittel vor.[3] Hieraus entsteht nicht unbedingt ein Schutzrecht des Bieters, vielmehr wird der Verwender der Finanzmittel mit Sanktionen bestraft. Auf die Unternehmen hat dies keine Auswirkungen.

Ob national oder europäisch ausgeschrieben werden muss, ist in der VgV geregelt. Dort werden unter § 2 VgV die entsprechenden Schwellenwerte, ab denen Leistungen national oder europäisch ausgeschrieben werden, definiert.

1.2.2.1 Primärgebot

Sowohl für die nationalen als auch europäischen Verfahren gelten dieselben Grundprinzipien des § 2 VOB/A. Hierbei sind insbesondere die Transparenz, die Gleichberechtigung und die Diskriminierungsfreiheit zu nennen.

- Bauleistungen sind an fachkundige, leistungsfähige und zuverlässige Unternehmen zu angemessenen Preisen in transparenten Vergabeverfahren zu vergeben.

---

[3] z. B. Runderlass 11-0044-3/8 vom 18.12.2003 i.d.F. 16.8.2006 des Finanzministeriums NRW „Rückforderungen von Zuwendungen wegen Nichtbeachtung der VOB/A und der VOL/A"

- Der Wettbewerb soll die Regel sein. Wettbewerbsbeschränkende und unlautere Verhaltensweisen sind zu bekämpfen.
- Bei der Vergabe von Bauleistungen darf kein Unternehmen diskriminiert werden.

Damit dürfen z. B. Gesichtspunkte wie zusätzliche Gewerbesteuereinnahmen, die Beschäftigung ortsansässiger Arbeitskräfte oder die lokale Konjunkturbelebung grundsätzlich keine Berücksichtigung finden.[4]

1.2.2.2 Schwellenwerte

Die Differenzierung zwischen nationalen und europäischen Ausschreibungen ist durch § 100 Abs. 1 GWB geregelt. Danach gilt für Vergaben ab Erreichen der in der Vergabeverordnung (VgV) festgelegten Schwellenwerte die Verpflichtung, eine europäische Ausschreibung durchzuführen.

Der Schwellenwertgrenze für Bauleistungen beläuft sich gemäß § 2 VgV auf 4.845 000 €.[5]

Aus § 1 VgV ergibt sich, dass der Betrag ohne Umsatzsteuer und aus § 3 VgV ohne die Baunebenkosten zu errechnen ist. Zu den Baunebenkosten gehören alle Kosten, die neben der Vergütung für die ausgeschriebenen Bauleistungen im Zusammenhang mit dem Bauvorhaben entstehen, wie z. B. Kosten für Architekten- und Ingenieurleistungen, für Verwaltungsleistungen des ÖAG bei Vorbereitung und Durchführung des Bauvorhabens, für die Baugenehmigung, für die Bauversicherung, Finanzierungskosten etc.[6]

Fachlosaufteilung:

Bei der Aufteilung in Lose von 1 Million € oder bei Losen unterhalb von 1 Million €, deren addierter Wert ab 20 % des Gesamtwertes aller Lose liegt.

Liegt danach eine Kostenschätzung für ein Bauvorhaben in Höhe von 6 Mio. € vor und soll diese Leistung als Einzelauftrag ausgeschrieben werden, so muss eine europäische Ausschreibung erfolgen.

Wird vom ÖAG nicht die Gesamtvergabe, sondern die Aufteilung in einzelne Lose, Fachlose (Gewerke) gewünscht, um eine höhere Beteiligung des Mittelstandes zu erzielen, so kann gemäß § 2 Nr. 7 VgV ein Teil der Leistungen national ausgeschrieben werden. Hierzu nachfolgendes Berechnungsbeispiel:

Bohrpfahlgründung	0,3 Mio. €
Rohbauarbeiten; europaweit, da über 1,0 Mio. €	2,2 Mio. €
17 weitere Fachlose, alle unter 1,0 Mio. € wie Maler-, Fließen-, Estricharbeiten, Trockenbau etc.; teilweise europaweit	2,1 Mio. €.
1 Fachlos Haustechnik; europaweit, da über 1,0 Mio. €	1,7 Mio. €
Summe aller Lose	6,0 Mio. €

---

[4] Glahs in K/M VOB/A § 8 Rdn. 6

[5] Seit dem 01.01.2010 gelten neue Schwellenwerte für EU-Vergabeverfahren.
Seit dem 01.01.2008 5.150.000 € und davor 5.278.000 €. Für Lieferleistungen gilt seit dem 01.01.2010 ein Schwellenwert i.H.v. 193.000 €

[6] RA Stolz, München zu OLG Celle, Beschluss vom 14.11.2002 - 13 Verg 8/02 | IBR 2003 Heft 1 37

20 % von 6,0 Mio. € somit 1,2 Mio. € dürfen national ausgeschrieben werden, wenn das einzelne Los unter 1,0 Mio. € liegt. Hierunter fallen damit auch die Bohrpfahlgründung und einige der 17 Fachlose.

Lose nach Zeitphasen:

Komplexe Bauvorhaben, die in verschiedenen Phasen realisiert werden, sind dann kein Gesamtbauwerk, das unter dem Gesichtspunkt der EU-Ausschreibung betrachtet werden muss, wenn die unterschiedlichen baulichen Anlagen ohne Beeinträchtigung ihrer Vollständigkeit und Benutzbarkeit auch getrennt voneinander errichtet werden können.[7]

Gemäß § 3 Abs. 1 und 5 VgV ist die geschätzte Gesamtvergütung für eine einheitliche bauliche Anlage aus allen Bauaufträgen zu ermitteln. Kriterium für die Gesamtvergütung ist der funktionale Zusammenhang in technischer und wirtschaftlicher Hinsicht, sofern diese keine eigenständige Zwecke, im Hinblick auf ein Bauwerk in den kommenden Jahren, erfüllen.[8]

Ein Bauwerk ist nach § 99 Abs. 3 GWB das Ergebnis einer Gesamtheit von Tief- oder Hochbauarbeiten, das seinem Wesen nach eine wirtschaftliche oder technische Funktion erfüllen soll. Die wirtschaftliche oder technische Funktion ist dabei im Zusammenhang mit dem Aufgabengebiet des ÖAG zu sehen.

1.2.2.3 Nationale Ausschreibungen

Für die nationalen Ausschreibungen gilt anders als bei den europäischen Ausschreibungen, dass die Anwendung der VOB/A **nicht Kraft Gesetz vorgeschrieben** ist. Vorgeschrieben ist innerdienstlich per Landesgesetze durch die einzelnen länderspezifischen Gemeindehaushaltsverordnungen, dass die Vergabegrundsätze, die das zuständige Ministerium der einzelnen Bundesländer angibt, von den Städten und Gemeinden anzuwenden sind. Auf Bundes- und Landesebene ergibt sich die Anwendung aus der Bundeshaushaltsordnung und den Landeshaushaltsordnungen. Der ÖAG muss damit die VOB/A anwenden. Die Unternehmen haben die Konsequenz zu tragen, wenn sie sich nicht an die „Spielregeln" halten, dass deren Angebot nicht bezuschlagt werden kann.

Damit ist die VOB/A – auf nationaler Ebene – **eine bloße Ordnungsvorschrift**. Dies wird durch die häufigen Konjunktivregelungen wie „soll" und „sollen" zusätzlich deutlich.[9] Um jedoch in der Anwendung der VOB/A Sicherheit zu haben, wird auf die Rechtsprechungen der Vergabekammern und Gerichte zurückgegriffen.[10] Zudem gilt prinzipiell, dass alle beteiligten Unternehmen einheitlich behandelt und beurteilt werden müssen. **Eine unterschiedlich strenge Auslegung einzelner Normierungen darf es nicht geben.**

Private Auftraggeber können sich freiwillig jederzeit einzelnen oder allen Vorschriften der VOB/A unterwerfen. Wenn sie dies tun und sich beispielsweise gegenüber den Unternehmen auf eine bestimmte Vergabeart festlegen, dann müssen sie die für diese Verfahrensart geltenden Vergabevorschriften auch einhalten. Anderenfalls verletzen sie das von ihnen selbst veran-

---

[7] VK Sachsen, Beschluss vom 14.09.2009 - 1/SVK/042-09

[8] VK Brandenburg, Beschluss vom 21.08.2009 - VK 31/09

[9] Motzke in Beck-Komm., 1. Auflage 2001

[10] Braun: Zivilrechtlicher Rechtsschutz bei Vergaben unterhalb der Schwellenwerte, NZBau 2008, Heft 3 160

lasste Vertrauen der Unternehmen darauf, dass bestimmte Verfahrensregeln befolgt werden, und sind verpflichtet, den daraus entstehenden Schaden zu ersetzen.[11]

Die entsprechenden Paragrafen sind in der VOB/A im Abschnitt 1 zu finden und werden als **Basisparagrafen** bezeichnet. Diese Basisparagrafen gelten auch bei europaweiten Ausschreibungen zusammen mit dem zweiten Abschnitt.

1.2.2.4   Novellierung 2009

Die Novellierung der VOB/A 2009 führte zu dem Abbau und einer teilweisen Vereinfachung der Paragrafen. Die Gegenüberstellung zeigt diese starke Verkürzung der VOB/A. Doch tatsächlich sind wesentliche Teile der entfallenen Paragrafen in den neuen zusammengefasst worden.

Tabelle 1-2   Gegenüberstellung VOB/A 2006 – VOB/A 2009

VOB/A 2009	VOB/A 2006
§ 1 Bauleistungen	§ 1 Bauleistungen
§ 2 Grundsätze	§ 2 Grundsätze der Vergabe
§ 3 Arten der Vergabe	§ 3 Arten der Vergabe
§ 4 Vertragsarten	
§ 5 Vergabe nach Losen, einheitliche Vergabe	§ 4 Einheitliche Vergabe, Vergabe nach Losen
	§ 5 Leistungsvertrag, Stundenlohnvertrag, Selbstkostenerstattungsvertrag
	§ 6 Angebotsverfahren
	§ 7 Mitwirkung von Sachverständigen
§ 6 Teilnehmer am Wettbewerb	§ 8 Teilnehmer am Wettbewerb
§ 7 Leistungsbeschreibung Allgemeine Technische Spezifikationen Leistungsbeschreibung mit Leistungsverzeichnis Leistungsbeschreibung mit Leistungsprogramm	§ 9 Beschreibung der Leistung
§ 8 Vergabeunterlagen	§ 10 Vergabeunterlagen
§ 9 Vertragsbedingungen Ausführungsfristen Vertragsstrafen Verjährung der Mängelansprüche Sicherheitsleistungen Änderung der Vergütung	
§ 10 Fristen	§ 11 Ausführungsfristen
	§ 12 Vertragsstrafen und Beschleunigungsvergütungen
	§ 13 Verjährung der Mängelansprüche
	§ 14 Sicherheitsleistung

---

[11]   Jasper in Beck-Komm, § 3 Arten der Vergabe

VOB/A 2009	VOB/A 2006
	§ 15 Änderung der Vergütung
§ 11 Grundsätze der Informationsübermittlung	§ 16 Grundsätze der Ausschreibung und der Informationsübermittlung
§ 12 Bekanntmachung, Versand der Vergabeunterlagen	§ 17 Bekanntmachung, Versand der Vergabeunterlagen
	§ 18 Angebotsfrist, Bewerbungsfrist
	§ 19 Zuschlags- und Bindefrist
	§ 20 Kosten
§ 13 Form und Inhalt der Angebote	§ 21 Form und Inhalt der Angebote
§ 14 Öffnung der Angebote, Eröffnungstermin	§ 22 Eröffnungstermin
	§ 23 Prüfung der Angebote
§ 15 Aufklärung des Angebotsinhalts	§ 24 Aufklärung des Angebotsinhalts
§ 16 Prüfung und Wertung der Angebote	§ 25 Wertung der Angebote
§ 17 Aufhebung der Ausschreibung	§ 26 Aufhebung der Ausschreibung
	§ 27 Nicht berücksichtigte Bewerbungen und Angebote
§ 18 Zuschlag	§ 28 Zuschlag
	§ 29 Vertragsurkunde
§ 19 Nicht berücksichtigte Bewerbungen und Angebote	
§ 20 Dokumentation	§ 30 Vergabevermerk
§ 21 Nachprüfungsstellen	§ 31 Nachprüfungsstellen
§ 22 Baukonzessionen	§ 32 Baukonzessionen

Änderungsintention

Gemäß Beschluss der Bundesregierung vom 28. Juni 2006 waren bzw. sind die Regelwerke VOB / VOL / VOF zu harmonisieren. Dazu sollen die Struktur aller Vergabevorschriften bereinigt werden, gleiche Verfahrensschritte in den gleichen Paragrafen geregelt werden, die Begrifflichkeiten für gleiche Sachverhalte gleich gefasst werden und ähnliche inhaltliche Vorgaben auf die Möglichkeit der Schaffung gemeinsamer, vereinfachter Regelungen geprüft werden.

Der Vorstand des Deutschen Vergabe- und Vertragsausschusses für Bauleistungen (DVA) hatte am 18. Mai 2009 die Neufassung der VOB/A beschlossen. Der Text wurde im Bundesanzeiger vom 15. Oktober 2009 (Nr. 155, Seite 3349) veröffentlicht. Zum 11. Juni 2010 wurde der Abschnitt 1 der VOB 2009 Teil A per Erlass vom 10. Juni 2010 **für die Bundesbauverwaltungen** und die für den Bund tätigen Länderbauverwaltungen **verbindlich** eingeführt.

Änderungen im Überblick

Eine wesentliche Änderung ist der Wegfall der Formalisierung des Vergaberechts. Dieser kommt in der Neufassung der VOB/A (s. § 16 Abs. 1 Nr. 1 Buchstabe c VOB/A sowie § 16

Abs. 1 Nr. 3 VOB/A) insbesondere dadurch zum Ausdruck, dass Angebote, bei denen ein einzelner und **unwesentlicher Positionspreis fehlt,** – anders als nach der alten VOB/A – **nicht ausgeschlossen werden** müssen. Unwesentlich bleibt der Positionspreis, solange sich die Wertungsreihenfolge auch mit dem hilfweise eingesetzten höchsten Wettbewerbspreis nicht ändert.[12] Weiter muss der ÖAG zukünftig vom Bieter nicht rechtzeitig beigebrachte und **fehlende Erklärungen oder Nachweise nachfordern**, wenn er die betreffenden Angebote nicht bereits gemäß § 16 Abs. 1 Nr. 1 bis 2 ausschließen musste. Dieser kann innerhalb von sechs Kalendertagen, diese Frist sieht die VOB/A explizit vor, nachbessern. Auf die häufige Notwendigkeit, der Schriftformerfordernis wird, bis auf zwei Ausnahmen auch verzichtet.

Die neu eingeführten Wertgrenzen (§ 3 Abs. 3 Nr. 1 VOB/A) für Beschränkte Ausschreibungen (50 000 Euro für Ausbaugewerke, Landschaftsbau und Straßenausstattung; 150 000 Euro für Tief-, Verkehrswege- und Ingenieurbau; 100 000 Euro für alle übrigen Gewerke) sowie gemäß § 3 Abs. 5 letzter Satz VOB/A für Freihändige Vergaben (10 000 Euro), jeweils ohne Umsatzsteuer, liegen weit unterhalb von Wertgrenzen der Länderregelungen für kommunale Vergaben, sodass damit häufig die länderspezifischen Regeln gelten.

Die Regelung des § 97 Abs. 3 GWB zur Fachlosvergabe sowie Aufteilung in Lose wurde ähnlich lautend in den § 5 VOB/A aufgenommen. Zudem wurde dem **Präqualifikations-Verfahren größere Bedeutung eingeräumt**, indem dieses Verfahren an die erste Stelle bei den Nachweisern zur Eignung gesetzt wurde.

Zur Vermeidung möglicher Wettbewerbsverzerrungen wurde der § 7 VOB/A bzgl. der Ausschreibung mit Bedarfspositionen verschärft. Zukünftig sind **Bedarfspositionen grundsätzlich nicht** mehr vorzusehen.

Liquiditätsentlastend – für die Unternehmen – ist der deutlich normierte **Verzicht des ÖAG auf Sicherheitsleistungen** (§ 9 Abs. 7 VOB/A). Denn nach der neuen Regelung soll auf Sicherheitsleistungen künftig ganz oder teilweise verzichtet werden, wenn (Gewährleistungs-)[13] Mängel voraussichtlich nicht eintreten. Weiterhin wurde für Auftragssummen unter 250 000 Euro/netto normiert, dass auf Sicherheitsleistung für die Vertragserfüllung und i. d. R. auf Sicherheitsleistung für die Mängelansprüche gänzlich zu verzichten ist. Die bisherige Regelung, dass bei Beschränkter Ausschreibung sowie bei Freihändiger Vergabe Sicherheitsleistungen i. d. R. nicht verlangt werden sollen, blieb zusätzlich bestehen.

Der **Dokumentation des Vergabeverfahrens** ist mit dem neuen § 20 VOB/A deutlich mehr Gewicht beizumessen. Die Regelung des 2. Abschnitts der VOB/A wurden nun auch auf den 1. Abschnitt übertragen. Der großen Bedeutung nach mehr Transparenz wird durch die Informationsverpflichtung auf Internetportalen bei Beschränkten Ausschreibungen und Freihändigen Vergaben Tribut gezollt. Niederschriften zur Angebotsöffnung sind nunmehr auch in elektronischer Form zulässig.

Die Veröffentlichung von Öffentlichen Ausschreibungen auf einem zentralen Internetportal kann für Teilnehmer an Vergabeverfahren zu deutlichen Erleichterungen und zu Kosteneinsparungen führen. Daher verweist die Regelung nach § 12 Abs. 1 Nr. 2 VOB/A nunmehr ausdrücklich auf die Möglichkeit, Ausschreibungen auf der Internetplattform http://www.bund.de zu veröffentlichen.

---

[12] Die statische Definition einer Wesentlichkeitsgrenze von 3-5% in Anlehnung an das Leistungsverweigerungsrecht ist nicht denkbar, da die betreffende Position eben dann wesentlich wird, wenn der höchste eingesetzte Wettbewerbspreis zu einer Änderung der Bieterrangfolge führt.

[13] In der VOB/B i.d.F. 2002 wurde der Begriff Gewährleistung durch Mängelansprüche ersetzt.

Die bisherigen Regelungen zum Selbstkostenerstattungsvertrag fanden kaum Anwendung und wurden daher gestrichen. Ebenso der alte § 7 (Mitwirkung von Sachverständigen) wegen mangelnder Relevanz.

1.2.2.5 Vergaberegelverstoß

Wie bereits ausgeführt, hat der Bieter unterhalb der Schwellenwerte bisher keinen Rechtsanspruch auf die Einhaltung der VOB/A. In einigen wenigen Fällen konnten Bieter, die eine Missachtung der Norm nachweisen konnten, Schadenersatzansprüche[14] oder eine nachträgliche Änderung der Wertung[15] gelten machen.

Problematischer ist zudem die Prüfung der Vergaben durch übergeordnete Rechnungsprüfungs-Einrichtungen. Wird ein Verstoß des ÖAG gegen die Verwaltungsanweisung festgestellt und wurde die Ausschreibung durch Drittmittel - ggf. auch nur anteilig - finanziert, so behält sich der Mittelgeber eine Rückerstattung von Fördermitteln vor.

Das Innenministerium NRW[16] macht z. B. diesen Vorbehalt für den Fall von **schweren Verstößen** gegen die VOB/A geltend und sieht als schwere Verstöße z. B. nachfolgende Vergabefehler an:

- Fehlende eindeutige und erschöpfende Leistungsbeschreibung;
- Bevorzugung des Angebotes eines ortsansässigen Bieters gegenüber dem annehmbarsten Angebot;
- Ausscheiden des annehmbarsten Angebots durch Zulassung eines Angebotes, das auszuschließen gewesen wäre;
- Ausscheiden oder teilweises Ausscheiden des annehmbarsten Angebots durch nachträgliche Losaufteilung;
- Beschränkung des Wettbewerbs;
- Vergabe von (Bau-) Leistungen an einen Generalüber- oder -unternehmer, wenn die Wirtschaftlichkeit nicht nachweisbar ist.

Das Bayerische Staatsministerium der Finanzen hält eine ähnliche Tatbestandsliste vor[17] bei:

- Freihändigen Vergaben ohne die dafür notwendigen vergaberechtlichen Voraussetzungen,
- einer ungerechtfertigten Einschränkung des Wettbewerbs (z. B. lokale Begrenzung des Bieterkreises) sowie vorsätzliches oder fahrlässiges Unterlassen einer vergaberechtlich erforderlichen europaweiten Bekanntmachung.
- Übergehen oder Ausscheiden des wirtschaftlichsten Angebots durch grob vergaberechtswidrige Wertung,
- vorsätzlichen Verstößen gegen Grundsätze nach § 2 Nr. 1 und 2 VOB18 bzw. § 97 GWB.

Die übrigen Bundesländer und die Stadtstaaten haben ähnliche Tatbestandslisten.

---

[14] OLG Brandenburg, Beschluss vom 17.12.2007 - 13 W 79/07 | IBR 2008 Heft 2 106
[15] OLG Düsseldorf: 27 W 2/08 vom 15.10.2008 IBRRS | 68467
[16] RdErl. d. Finanzministeriums v. 18.12.2003. - 11 – 0044 – 3/8 i.d.F. 16.08.2006
[17] Richtlinien zur Rückforderung von Zuwendungen bei schweren Vergabeverstößen vom 23.11.2006
     Az.: 11 – H 1360 – 001 – 44571/06
[18] Nun § 2 Abs. 1 Nr. 1 und Abs. 2 VOB/A

1.2.2.6 Europäische Ausschreibungen

Mit der Entscheidung des EuGH, dass das Vergaberecht der Bundesrepublik keine subjektiven Bieterrechte berücksichtigte und hierzu eine Änderung gefordert wurde, kam es zur Neuregelung durch das Vergaberechtsänderungsgesetz vom 26. August 1998. Der vierte Teil des GWB (§§ 97 ff.) über die Vergabe öffentlicher Aufträge wurde eingefügt, und erstmals wurden subjektive Bieterrechte – die auf nationaler Ebene eben fehlen – und ein effektives Rechtsschutzsystem verankert.

Aufgrund weiterer Richtlinien der EU wurden die „a"- und „b"-Paragrafen in die VOB/A eingearbeitet. Um die Lesbarkeit der VOB/A zu gewährleisten, gliederte der DVA den Teil A neben dem 1. Abschnitt in drei weitere, somit insgesamt vier Abschnitte. Mit der Novellierung 2009 wurden die Abschnitte 3 und 4 aufgrund der neuen Sektorenverordnung[19] abgeschafft.

Der Abschnitt 2 enthält Regelungen zur Vergabe öffentlicher Aufträge oberhalb der Schwellenwerte, sofern diese außerhalb der Sektorenbereiche erfolgt. Die Vorschriften in den Abschnitten 2 von VOB/A finden damit i. d. R. bei allen europaweiten Vergabeverfahren Anwendung. Sie konkretisieren die in den europäischen Vergaberichtlinien enthaltenen Vorgaben zur Durchführung von Vergabeverfahren. Die Vorschriften in den Abschnitten 2 werden als „a-Paragrafen" bezeichnet, da sie durchgehend mit dem Zusatz „a" gekennzeichnet sind (§ 1a, § 3a usw.). Zusätzlich zu den a-Paragrafen finden auch bei europaweiten Vergabeverfahren die Vorschriften aus den Abschnitten 1 von VOB/A Anwendung, sofern diese den Vorgaben der a-Paragrafen nicht widersprechen.

1.2.3 Vergabearten

In Tabelle 1.3 sind die Vergabearten der europäischen und nationalen Vergabe äquivalent gegenübergestellt:

Tabelle 1-3 Vergabearten

National	Europäisch
Öffentliche Ausschreibung (§ 3 Abs.1 VOB/A)	Offenes Verfahren (§ 3a Abs. 1 Nr. 1 VOB/A)
Beschränkte Ausschreibung nach Öffentlichem Teilnahmewettbewerb (§ 3 Abs. 4 VOB/A)	Nichtoffenes Verfahren (§ 3a Abs. 1 Nr. 2 VOB/A)
Beschränkte Ausschreibung ohne Öffentlichen Teilnahmewettbewerb (§ 3 Abs. 3 VOB/A)	
	Wettbewerblicher Dialog (§ 3a Abs. 1 Nr. 3 VOB/A)
Freihändige Vergabe (§ 3 Abs. 5 VOB/A)	Verhandlungsverfahren (§ 3a Abs. 1 Nr. 4 VOB/A)

1.2.4 Belastung durch Vergabeverfahren

Im Ergebnis sind der Bauwirtschaft durch nach der VOB/A durchgeführte Vergabeverfahren der Bundes- und Landesauftraggeber im Jahr 2005 administrative Kosten in Höhe von rund

---

[19]   Die Verordnung über die Vergabe von Aufträgen im Bereich des Verkehrs, der Trinkwasserversorgung und der Energieversorgung (Sektorenverordnung – SektVO) vom 23.09.2009 wurde am 28.09.2009 im Bundesgesetzblatt (BGBl. I S. 3110) verkündet und tritt damit am 29.09.2009 in Kraft.

505 Mio. Euro entstanden. Wesentlicher Kostenfaktor sind dabei mit über 497 Mio. Euro die Vergabeverfahren selbst; die Pflichten im Zusammenhang mit Rechtsmitteln und sonstige allgemeine Pflichten machen aufgrund vergleichsweise niedriger Fallzahlen nur etwa 1,5 % der Kosten aus.

79 % der Gesamtkosten der Vergabeverfahren entfallen auf die **nationalen Verfahren**. Dabei ist die Vergabeart, die aufgrund der Häufigkeit (Anzahl Verfahren x Anzahl eingereichter Angebote) von 441.810 Fällen den größten Anteil an den Gesamtkosten ausmacht, die Öffentliche Ausschreibung.

Kostenintensivste Informationspflicht aller Verfahren ist mit über 430 Mio. Euro das „Erstellen eines Angebots", was einem Anteil von 85 % entspricht. Dabei hat sich gezeigt, dass die Wahl der Vergabeart nur einen mittelbaren Einfluss auf den Zeitaufwand und die Kosten hat.

Wesentliche Einflussfaktoren sind Umfang, Qualität und Komplexität der Ausschreibung und insbesondere des Leistungsverzeichnisses. Zwischen den untersuchten Verfahren ergeben sich Unterschiede insofern insbesondere aus den folgenden Anforderungen:

- Kalkulation des Angebots,
- Ausfüllen des Leistungsverzeichnisses,
- Erstellen von Nebenangeboten,
- Einholen von Angeboten von Nachunternehmern und
- Anfragen zu den Vergabeunterlagen.

Eine unmittelbare Auswirkung auf die Kosten hat die Wahl der Vergabeart nur insofern, als der Teilnahmewettbewerb einen zusätzlichen Kostenfaktor bei der Beschränkten Ausschreibung darstellt.[20]

1.2.5 Rechtsschutz der Bieter

Unterhalb der Schwellenwerte der VgV (Unterschwellenbereich) können Bieter nach herkömmlichem Verständnis lediglich bei der jeweiligen Aufsichtsbehörde anregen, dass die Tätigkeit des ÖAG überprüft wird. Ein eigenes (subjektives) Recht auf die Korrektur von Vergabefehlern sollen Bieter im Unterschwellenbereich (noch) nicht haben.[21]

Somit besteht **kein Rechtsschutz auf nationaler Ebene für die Bieter**. Doch wird immer häufiger von den nationalen Gerichten anders gehandelt. Eine wegweisende Entscheidung, durch die Unterlassungsanweisung den Zuschlag in einem Vergabeverfahren zu erteilen, wurde vom OLG Düsseldorf getroffen.[22]

Das Gericht machte grundlegende Ausführungen zum Rechtsschutz bei der Unterschwellenvergabe:

Durch eine Ausschreibung, in der der Auftraggeber die Einhaltung bestimmter Regelungen wie etwa der VOB/A oder der VOL/A verspreche, komme ein vorvertragliches schuldrechtli-

[20] Aus: Gutachten zur Evaluation der Vergabeverfahren nach VOB/A – Kurzfassung des Abschlussberichts des Bundesministerium für Verkehr, Bau und Stadtentwicklung und Bundesamt für Bauwesen und Raumordnung aus Sept. 2007

[21] Empfehlen sich gesetzliche Regelungen zum Rechtsschutz bei der Vergabe von Bauleistungen unterhalb der Schwellenwerte? – Einführung, 1. Deutscher Baugerichtstag, Arbeitskreis II - Vergaberecht

[22] OLG Düsseldorf, Beschluss vom 13.01.2010 - 27 U 1/09 und bestätigt damit das Prinzip von Treu und Glauben das in §242 BGB verankert ist.

ches Verhältnis zwischen dem Auftraggeber und den Bietern zustande, selbst wenn es sich um einen privaten Auftraggeber handle. Aus diesem schuldrechtlichen Verhältnis folge grundsätzlich auch ein Anspruch auf Unterlassen rechtswidriger Handlungen. Da der Bieter aus Gründen der Chancengleichheit ein schutzwürdiges Interesse an der Einhaltung der Pflicht zur Beachtung der geltenden Vergaberegeln durch den Auftraggeber habe, bedürfe es für einen Unterlassungsanspruch keines Umwegs über einen Schadensersatzanspruch gemäß § 280 BGB.

Kann der Bieter jedoch nicht beweisen, dass er im Falle der Auftragserteilung an ihn auf der Grundlage seines Ausschreibungsangebots einen Gewinn erzielt hätte, so steht ihm auch **kein Schadensersatzanspruch** zu.[23]

Das Problem der Bieter und Bewerber bezüglich der schlechten Beweisbarkeit eines Vergabeverstoßes wird zukünftig durch die novellierte VOB/A relativiert. Denn zum einen wurde die Normung zum Vergabevermerk (§ 20 VOB/A) klarer und umfassender definiert und zum anderen ist die frühzeitig vorzunehmende Information der Bieter, deren Angebote nicht weiter berücksichtigt werden müssen, (§ 19 Abs. 1 VOB/A) nochmals deutlich bieterschützend. Zudem wurde bereits erkannt, dass aufgrund der **Beweisschwierigkeiten** es genügen kann, dass der Bieter darlegen kann, dass er den Auftrag bei genauer Beachtung der VOB/A mit großer **Wahrscheinlichkeit** bekommen hätte.[24]

Somit könnte die Möglichkeit der Untersagung eines geplanten Zuschlags an einen Dritten durch eine einstweilige Verfügung die im Primärrechtsschutz zunehmende Beschäftigung der Gerichte sein.[25]

Die **Tendenz des Bieterschutzes** wird auch bei dem direkten Vergleich der Vorschriften deutlich. War in § 27 VOB/A i. d. F 2006 gefordert, die Bieter „sollen so bald wie möglich" informiert werden,[26] heißt es nun „sollen unverzüglich". Mit der Aufnahme des Wortes unverzüglich, dass dem § 121 Abs. 1 Satz 1 BGB entnommen wurde, wird deutlich, dass hier ggf. Primärrechtsschutz im Unterschwellenbereich eröffnet werden könnte, auch wenn dies von juristischer Seite vielfach dementiert wird.

1.3   Begriffe und Definitionen

Textform

Als Textform werden Telefax- (Papier und auch Computer), maschinell erstellte Briefe, E-Mail-, Telegramm- oder SMS-Nachrichten angesehen. Bei der Textform bedarf es keiner eigenhändigen Unterschrift, sie muss gemäß § 126b BGB lesbar, dauerhaft, den Absender und den Ersteller (Unterschrift) erkennen lassen.

Anwendungsnotwendigkeit in der Vergabepraxis:

- Rückzug eines Angebotes durch einen Bieter (§ 10 Abs. 3 VOB/A)
- Mitteilung über die verspätete Vorlage beim Eröffnungstermin (§ 14 Abs. 6 VOB/A)
- Protokoll über ein Aufklärungsgespräch (§ 15 Abs. 1 Nr. 2 VOB/A)

---

[23]   OLG Dresden, Urteil vom 02.02.2010 - 16 U 1373/09 | IBR 2010 Heft 4 202
[24]   OLG Köln, Urteil vom 18.06.2010 - 19 U 98/09
[25]   OLG Stuttgart, Beschluss vom 09.08.2010 - 2 W 37/10 | IBR 2011 2003
[26]   Stickler in K/M § 27 Rdn. 8

- Aufklärungsgesuch an den Bieter (§ 16 Abs. 6 Nr. 2 VOB/A)
- Unterrichtung der Bieter über die Aufhebung einer Ausschreibung (§ 17 Abs. 2 VOB/A)
- Information der nicht berücksichtigten Bewerber oder Bieter (19 Abs. 2 VOB/A)
- Vergabevermerk (§ 20 Abs. 1 VOB/A)

Schriftform

Die Schriftform wird gemäß § 126 BGB gewahrt, wenn ein beliebig erstelltes Schriftstück durch eine handschriftliche Unterschrift abgeschlossen wird. Statt der Unterschrift genügt auch ein notariell beglaubigtes Handzeichen.

Wird in den Vertragsunterlagen der Ausschreibung vorgeschrieben, dass jede Änderung des Vertrages – z. B. Nachtragsbeauftragung oder Änderung der Bauzeiten – der Schriftform bedarf, so handelt es sich um eine gewillkürte Schriftform und nach § 127 BGB gelten geringere Anforderungen. Dann reicht die Textform aus.

Anwendungsnotwendigkeit in der Vergabepraxis:

- Vereinbarung über die weitere Verwendung von Angebotsunterlagen (§ 8 Abs. 9 VOB/A)
- Information der ausgeschlossenen und nicht in die engere Wahl kommenden Bietern (§ 19 Abs. 1 VOB/A)

Bewerber und Bieter

Als Bewerber werden die Firmen bezeichnet, die sich um die Abgabe eines Angebotes bemühen, zum Zwecke der Beauftragung durch einen ÖAG, oder die zur Abgabe eines Angebotes aufgefordert wurden.

Hat ein Bewerber ein Angebot abgeben, so ist er zum Bieter geworden.[27]

Willenserklärungen

Durch zwei übereinstimmende Willenserklärungen (§§ 116–144 BGB) kommt ein (Bau-) Vertrag zustande. Vereinfacht ausgedrückt bekundet der ÖAG seinen Willen darin (die Zuschlagserteilung des ÖAG), dass er in dem anderen Willen (ausgedrückt in dem abgegebenen Angebot) eine Übereinstimmung sieht und diese akzeptiert. Liegt keine übereinstimmende Willenserklärung vor, z. B. bei einer vom Bieter geänderten Leistungsbeschreibung, so ist keine Übereinstimmung möglich. Eine ähnliche Abweichung tritt ein, wenn der ÖAG in seinem Zuschlagsschreiben Vertragsbedingung geändert formuliert. Ein Vertrag sollte dann nicht zustande kommen, da die Änderung als Ablehnung i. S. v. § 150 BGB gilt. Es bedarf dann einer Gegenerklärung des anderen Vertragspartners (Annahmeerklärung), wenn ein wirksamer Vertrag zustande kommen soll.

---

[27] OLG Koblenz, B. v. 5.9.2002 - Az.: 1 Verg 2/02 | IBRRS 39591

Beispiel 1

Der Bieter schickt ein ausgefülltes LV an den ÖAG. Dieser schreibt zurück: „Hiermit erteile ich Ihnen den Auftrag."

Beispiel 2

Der ÖAG schreibt dem Anbietenden: „Hiermit erteile ich Ihnen den Auftrag; abweichend von den Vorbemerkungen zum Leistungsverzeichnis soll der Auftrag jedoch nicht im Spätherbst, sondern schon im Frühjahr ausgeführt werden. Außerdem wünsche ich eine Verlängerung der Gewährleistung auf fünf Jahre."

Ein Vertrag ist nicht zustande gekommen, da die Annahmeerklärung Änderungen enthält. Es bedarf deshalb einer Annahme (Gegenerklärung) des AN.[28]

Die ebenfalls übliche Praxis, dass der AN das Vertragsangebot unterschreibt und neben der Unterschrift vermerkt: „Gilt nur in Verbindung mit meinem Schreiben vom ..." ist die Ablehnung des ursprünglichen Angebots i. V. mit einem neuen Angebot. Lässt der ÖAG das Angebot unwidersprochen und kommt es zur Auftragsausführung, so liegt darin stillschweigende[29] Annahme des Unternehmerangebots vor.

Das Modalverb „sollen"

Der Volksmund führt aus, „sollen bedeutet, ich muss, wenn ich kann".

In der VOB ist „sollen" unter dem Aspekt der Verwaltungsanweisung zu sehen. Mit der Verwaltungsanweisung hat der Ersteller der Anweisung einen Auftrag gegeben, eben nach der Anweisung zu verfahren. Damit erklärt der Ersteller, dass er will, dass der ÖAG mindestens mehrere Bewerber auffordert (§ 6 Abs. 2 VOB/A). Da ein Auftrag eine Notwendigkeit im weiteren Sinne ist, kann „sollen" hier durch „müssen" ersetzt werden.

Folgt dem „sollen" ein Ratschlag, so ist „sollen" als Empfehlung auszulegen. „Andere Verjährungsfristen als nach § 13 Abs. 4 VOB/B werden nur empfohlen, wenn dies wegen der Eigenart der Leistung erforderlich ist."

---

[28] so auch BGH, Urteil vom 24.02.2005, - VII ZR 141/03 | IBR 2005, 299
[29] Stillschweigende Annahme durch konkludentes Handeln

1.4 Stufenmodel der öffentlichen Ausschreibung

1. Stufe: Vorbereitung	Schätzung des vorläufigen Auftragswertes
	Klärung, ob die VOB/A angewandt werden kann
2. Stufe: Ausschreibung	Fertigstellung der Vergabeunterlagen
	Bekanntmachung der Vergabeabsicht
3. Stufe: Angebotseinholung	Versand der Vergabeunterlagen
	Kalkulation durch den Bewerber innerhalb der Angebotsfrist
4. Stufe: Wertung und Prüfung	Öffnung der Angebote
	Prüfen und Werten
	Nicht berücksichtige Bieter informieren
	Erteilung des Zuschlags oder Aufhebung
	Abschluss des Vergabevermerks und Benachrichtigung der unterlegenden Bieter

1.5 Ausschreibungsumfang

Um eine **einheitliche Gewährleistung** zu erzielen und mögliche Streitpunkte über eine evtl. Mängelzuordnung auszuschalten, wird die Vorgabe getroffen, dass Lieferungen und Einbau in das Bauwerk zusammen ausgeschrieben werden sollen. Eine Trennung der Lieferung und des Einbaus ist möglich, wenn hierzu wirtschaftliche und/oder technische Gründe Anlass geben. So können Lampen geliefert und von einem anderen Unternehmen einbaut werden, da hier eine einfache Trennung möglich ist. Nimmt ein ÖAG diese Möglichkeit wahr, so muss er in den Ausschreibungsunterlagen hierauf explizit hinweisen.

Mit der Aufteilung nach Fachlosen sieht die VOB/A lediglich eine Aufteilung nach Gewerken[30] (Leistungsbereichen) vor. Um hier eine Bündelung von Gewerken zu ermöglichen, können z. B. die Stahlbeton- und Mauerarbeiten (Rohbau) zusammen mit den Estrich- und Putzarbeiten ausgeschrieben werden. Hierdurch erhofft sich der ÖAG einen geringeren logistischen Aufwand in der baubetrieblichen Abwicklung und eine einfache Regelung bzgl. der Gewährleistungsverfolgung. Nicht mehr 3 Firmen (Rohbau, Estrich und Putz) sind zuständig, sondern nur noch eine.

Dem ÖAG wird dies nicht ermöglicht, wenn der Anteil des Generalunternehmers an der Bauleistung selbst lediglich von untergeordneter Bedeutung ist und er insoweit eher einem Generalübernehmer als einem Hauptunternehmer nahesteht. Sind die Leistungen, die der Generalunternehmer erbringt, dagegen von übergeordneter Bedeutung, kann er sich an einem Vergabeverfahren beteiligen.[31]

---

[30] Im Bauwesen umfasst ein Gewerk im Allgemeinen die Arbeiten, die einem Handwerk zuzuoRdn.en sind.

[31] Glahs in K/M § 8 Rdn. 25.

TIPP *Das OLG Frankfurt[32] hat als eine Art Richtschnur einen Eigenanteil von einem Drittel als ausreichend angesehen, um sich an einem Ausschreibungsverfahren zu beteiligen. Wenn es auch andere Meinungen hierzu gibt, so kann dieser Wert auch jetzt noch rein vorsorglich vom Bewerber angesetzt werden, oder dieser Punkt ist mit dem ÖAG vor der Angebotsabgabe zu klären.*

1.6 Grundsätze der Ausschreibung und der Informationsübermittlung

§ 2 Abs. 4 u. 5 VOB/A und § 11 VOB/A definieren an sich selbstverständliche Ausschreibungsgrundsätze, deren Beachtung mit bautechnischem Sachverstand **ohne ausdrückliche Nennung geboten wäre**. Die Normierung ist eine Ordnungsvorschrift im Interesse des Auftraggebers.[33] Angebote auf unvollständige Vergabeunterlagen können Kosten- und Preiselemente enthalten, die nicht zuverlässig ermittelt werden können, damit letztendlich nicht prüfbar und unter den verschiedenen Bietern nicht vergleichbar sind. Dies kann neben ungünstigen und unzweckmäßigen Vertragsabschlüssen auch zu Problemen während der Bauabwicklung führen. Somit kann dem AN dann die Möglichkeit gegeben werden, zusätzliche Vergütungsansprüche (vgl. § 2 Nr. 7 VOB/B) anzumelden.

Ein **Ausschreibungsverfahren darf nur in der Absicht durchgeführt werden, den Zuschlag über die ausgeschriebene Leistung tatsächlich zu erteilen**. Markterkundung o. Ä. darf nicht Ziel der Ausschreibung sein. Etwa weil der ÖAG keinen konkreten Bedarf an der ausgeschriebenen Bauleistung hat oder er mittels der Ausschreibung nur seine Kostenschätzung verifizieren will. Dann liegt ein Verstoß gegen § 2 Abs. 4 VOB/A vor. Da dem Bieter hier Zeit und Kosten aufgebürdet würden, würde sich der ÖAG die Berechnung der Kosten hierzu gefallen lassen müssen.

Die Auswahl des **Kommunikationsmittels** im Vergabeverfahren steht im Ermessen des ÖAG. § 11 Abs. 1 VOB/A normiert, dass die Kommunikationsmittel den Bewerbern bekannt gegeben werden. Der ÖAG muss sich nicht auf ein ausschließliches Kommunikationsmittel festlegen oder gar alle angegebenen Kommunikationsmittel kumulativ anwenden. Es obliegt dem Bewerber, sicherzustellen, dass er über alle angegebenen Kommunikationswege erreichbar ist und die übermittelten Informationen auch beachtet. Gibt z. B. der ÖAG an, dass Informationen zur Ausschreibung auch elektronisch übermittelt werden, ist die Übermittlung neuer Informationen im Wege einer E-Mail-Benachrichtigung vergaberechtskonform.[34]

---

[32] OLG Frankfurt NZBau 2001, 101.

[33] H/R/R A § 16 Rdn. 1.

[34] 3. VK Bund, B. v. 05.02.2008 - Az.: VK 3-17/08

2 Mitteilung über die Ausschreibungsabsichten

Durch die Veröffentlichung soll die **Diskriminierungsfreiheit** gesichert werden, damit ein möglichst breiter Markt von der Ausschreibungsabsicht des ÖAG erfährt und sich an den Ausschreibungen beteiligen kann. Die Beschränkung auf nationale oder gar regionale Märkte unter Ausgrenzung externer Marktteilnehmer soll dadurch vermieden werden. Diese Bestimmung der VOB/A hat auch zum Ziel, dass alle Bewerber ihre Angebote auf dem Stand gleicher Information und gleicher Chancen abgeben können. Hierzu gehört auch die Chancengleichheit hinsichtlich der verfügbaren Zeit zur Erstellung des kompletten Angebotes.[35]

Die Bekanntmachungen erfolgen in der Praxis in Druckmedien oder elektronischen Medien. Hierzu zählen z. B.:

- Submissions-Anzeiger Verlag & Druckerei Hintze & Sachse GmbH, Postfach 20 16 65, 20243 Hamburg

- Subreport select Verlag Schawe GmbH, Buchforststraße 1–15, 51103 Köln

- Ibau Informationsdienst für den Baumarkt GmbH, Anton-Bruchausen-Str. 1, 48147 Münster

- Webvergabe CANIS GmbH, Wilhelmstraße 18, 70372 Stuttgart

- Greenprofi GmbH, Hohes Gestade 16, 72622 Nürtingen
- Bi-Medien GmbH, Faluner Weg 33, 24109 Kiel
- Örtliche Tageszeitungen usw.

Da der Inhalt der Bekanntmachung gemäß § 12 Abs. 1 Nr. 2 VOB/A eine Soll-Vorschrift ist, ist der ÖAG nicht verpflichtet, sämtliche Einzelheiten z. B. seiner Nachweisforderungen schon in der Bekanntmachung anzugeben. Es reicht aus, wenn er in der Bekanntmachung angibt, welche Nachweise er fordert. Ein darüber hinausgehender Inhalt der Vergabebekanntmachung,

---

[35] VK Düsseldorf, B. v. 17.10.2003 - Az.: VK-31/2003-L; VK Münster, B. v. 21.8.2003 - Az.: VK 18/03

insbesondere die Auflistung und Konkretisierung von Nachweisen mit weiteren Einzelheiten, muss nicht in der Bekanntmachung, sondern kann in den Vergabeunterlagen erfolgen.[36]

Im Einzelnen kann der ÖAG nachfolgende Kriterien veröffentlichen:

Tabelle 2-1   Bekanntmachungskriterien des ÖAG

	Öffentliche Ausschreibungen	Beschränkte Ausschreibungen nach öffentlichem Teilnahmewettbewerb
Name, Anschrift, Telefon-, Telefaxnummer sowie E-Mail-Adresse des Auftraggebers (Vergabestelle),	X	X
gewähltes Vergabeverfahren,	X	X
Art des Auftrags, der Gegenstand der Ausschreibung ist,	X	X
Ort der Ausführung,	X	X
Art und Umfang der Leistung, allgemeine Merkmale der baulichen Anlage,	X	X
falls die bauliche Anlage oder der Auftrag in mehrere Lose aufgeteilt ist, Art und Umfang der einzelnen Lose und Möglichkeit, Angebote für eines, mehrere oder alle Lose einzureichen,	X	X
Angaben über den Zweck der baulichen Anlage oder des Auftrags, wenn auch Planungsleistungen gefordert werden,	X	X
etwaige Frist für die Ausführung,	X	X
Name und Anschrift der Stelle, bei der die Vergabeunterlagen und zusätzlichen Unterlagen angefordert und eingesehen werden können, falls die Unterlagen auch digital eingesehen und angefordert werden können, ist dies anzugeben,	X	
gegebenenfalls Höhe und Einzelheiten der Zahlung des Entgelts für die Übersendung dieser Unterlagen,	X	
Ablauf der Frist für die Einreichung der Angebote,	X	
Ablauf der Einsendefrist für die Anträge auf Teilnahme,		X

---

[36]   OLG Düsseldorf, B. v. 02.05.2007 - Az.: Verg 1/07; B. v. 18.10.2006 - Az.: Verg 35/06; B. v. 9.7.2003 - Az.: Verg 26/03; 2. VK Bund, B. v. 13.06.2007 - Az.: VK 2-51/07; 1. VK Sachsen, B. v. 10.11.2006 - Az.: 1/SVK/096-06; VK Schleswig-Holstein, B. v. 27.07.2006 - Az.: VK-SH 17/06; VK Münster, B. v. 23.10.2003 - Az.: VK 19/03

	Öffentliche Ausschreibungen	Beschränkte Ausschreibungen nach öffentlichem Teilnahmewettbewerb
Anschrift, an die die Angebote schriftlich auf direktem Weg oder per Post zu richten sind, gegebenenfalls auch Anschrift, an die Angebote digital zu richten sind,	X	
Anschrift, an die diese Anträge zu richten sind,		X
Sprache, in der die Angebote abgefasst sein müssen,	X	X
Personen, die bei der Eröffnung der Angebote anwesend sein dürfen,	X	
Datum, Uhrzeit und Ort der Eröffnung der Angebote,	X	
gegebenenfalls geforderte Sicherheiten,	X	X
wesentliche Zahlungsbedingungen und/oder Verweisung auf die Vorschriften, in denen sie enthalten sind,	X	X
gegebenenfalls Rechtsform, die die Bietergemeinschaft, an die der Auftrag vergeben wird, haben muss,	X	X
verlangte Nachweise für die Beurteilung der Eignung des Bieters,	X	
mit dem Teilnahmeantrag verlangte Nachweise für die Beurteilung der Eignung (Fachkunde, Leistungsfähigkeit, Zuverlässigkeit) des Bewerbers,		X
Ablauf der Zuschlags- und Bindefrist,	X	
Tag, an dem die Aufforderungen zur Angebotsabgabe spätestens abgesandt werden,		X
gegebenenfalls Nichtzulassung von Nebenangeboten,	X	X
sonstige Angaben, insbesondere die Stelle, an die sich der Bewerber oder Bieter zur Nachprüfung behaupteter Verstöße gegen Vergabebestimmungen wenden kann.	X	X

2.1 Information bei Beschränkter Ausschreibung

Ein wichtiger Aspekt zur deutlichen Transparenz der öffentlichen Beschaffung ist ab der 2009er VOB/A sehr weit hinten in der VOB/A zu finden. In § 19 Abs. 5 VOB/A wurde normiert, dass auch bei Beschränkten Ausschreibungen Bekanntmachungen vorzunehmen sind. Danach sind Unternehmen fortlaufend über beabsichtigte Beschränkte Ausschreibungen nach § 3 Abs. 3 Nr 1 VOB/A zu informieren.

Übersteigt der voraussichtliche Auftragswert 25 000 €/netto, so sind nachfolgende Informationen auf Internetportalen oder in dem Beschafferprofil des ÖAG zu veröffentlichen:

1. Name, Anschrift, Telefon-, Faxnummer und E-Mail-Adresse des Auftraggebers,

2. Auftragsgegenstand,

3. Ort der Ausführung,

4. Art und voraussichtlicher Umfang der Leistung,

5. voraussichtlicher Zeitraum der Ausführung.

Die Inhaltstiefe der Informationen wird hier mit der jener in § 12 Abs. 1 Nr. 2 VOB/A genannten übereinstimmen müssen. Die Vorschrift ist jedoch keine Bekanntmachung, sondern eine reine Information des Marktes.

Damit kann jedes Unternehmen den Markt hinsichtlich Beschränkter Ausschreibungen zusätzlich beobachten. Es unterliegt damit nicht mehr der Gefahr, bei Beschränkten Ausschreibungen „übersehen" zu werden. Es kann den ÖAG darauf aufmerksam machen, dass er ebenfalls geeignet und interessiert ist.

Damit ist auch die Aufhebung der maximalen Beschränkung von 8 Bewerben des alten § 9 logisch. Denn nun darf der ÖAG eben eine unbeschränkte Anzahl von Bewerbern bei der Beschränkten Ausschreibung auffordern.

Der Umstand, dass der ÖAG seine Liste der „geeigneten" Unternehmen normkonträr zu § 6 Abs. 1 Nr. 1 VOB/A aufstellt und für ihn „schwierige" Unternehmen vom Wettbewerb ausschließt, sollte damit der Vergangenheit angehören. Denn durch die Veröffentlichungspflicht der „größeren" Maßnahmen wurde dem Verfahren die notwendige Transparenz gegeben, und jedem Unternehmen ist es freigestellt, ob es sich dem ÖAG als geeignet vorstellt.

2.2 Internetportale

Auf Internetportalen können Unternehmen sich über aktuelle Ausschreibungen informieren und ggf. an diesen – über das Internetportal – teilnehmen. Über diese Plattformen werden in unterschiedlicher Tiefe die Ausschreibungen, unter Berücksichtigung des Vergaberechts, der ÖAG abgewickelt. Aufgrund der vergaberechtlichen Normen sind diese Portale i. d. R. nicht für privatwirtschaftliche Verfahren geeignet.

Unternehmen, die sich für öffentliche Aufträge interessieren, sollten sich zunehmend auch mit der Möglichkeit der elektronischen Angebotsabgabe befassen.

Neben dem Vergabemarktplatz des Landes NRW gibt es noch eine Reihe weiterer öffentlicher Vergabeplattformen und E-Vergabe-Systeme. Diese bieten unterschiedlichen Service an. Hierbei ist die Recherche nach Ausschreibungsbekanntmachungen jedoch immer kostenlos. Meist ist auch der Download von Vergabeunterlagen kostenlos. Gibt der ÖAG keine gedruckten Unterlagen mehr heraus, und das Unternehmen verfügt über keinen leistungsfähigen Internetanschluss, so kann es die Unterlagen digital, auf einem Datenträger gespeichert, erhalten. Wenn der Download der Unterlagen kostenpflichtig ist, so liegt die Gebühr jedoch unter den normalen Kosten nach § 8 Abs. 7 Nr. 1 VOB/A, die der ÖAG für die Vervielfältigung der Leistungsbeschreibung und der anderen Unterlagen sowie für die Kosten der postalischen Versendung verlangen kann.

2.2.1 Vollständige E-Vergabe

In der Endfassung haben die ÖAG jedoch das Ziel, dass der gesamte Vergabeprozess elektronisch abgewickelt werden soll.

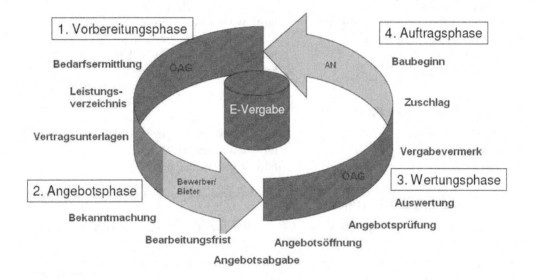

Bild 2-1   Vergabephasen im Kontext der E-Vergabe

Bislang werden nur unter 5 % aller öffentlichen Ausschreibungen vollelektronisch abgewickelt. Die Gründe dafür sind mannigfaltig, ein wesentlicher Aspekt ist die zersplitterte und untereinander inkompatible Landschaft der Lösungsanbieter. Bis Ende 2011 soll ein Projekt unter Federführung des Beschaffungsamts des Bundesministeriums des Innern daher die Schaffung von plattformübergreifenden Daten- und Austauschprozessstandards erreichen.[37]

---

[37] http://www.bi-ausschreibungsdienste.de/Artikel_AD_Interwiew_Schmidt_XVergabe.AxCMS

2.2.2 Bekanntmachungs- und Vergabeportale

Die hier abgedruckte Liste soll einen Überblick über viele Internetportale, die als Bekanntmachungs- und/oder Vergabeportale betrieben werden, liefern.[38]

- Für EU-weite Ausschreibungen,   http://ted.europa.eu
- Für Bundesweite Ausschreibungen,   http://www.evergabe-online.de
- Ausschreibungen des Bundes   http://www.bund.de/ausschreibungen

2.2.2.1   Auf Länderebene

- Vergabe Mecklenburg-Vorpommern   http://www.laiv-mv.de/land-mv
- Vergabe Niedersachsen   http://www.vergabe.niedersachsen.de
- Vergabeservice Berlin   http://www.vergabeplattform.berlin.de
- Vergabe Bremen   http://www.vergabe.bremen.de
- Vergabemarktplatz Brandenburg   http://www.vergabemarktplatz.brandenburg.de
- Vergabe NRW   http://www.vergabe.nrw.de
- Vergabe Hessen   http://www.vergabe.hessen.de
- Vergabemarktplatz Rheinland-Pfalz   http://www.vergabe.rlp.de
- Service Baden-Württemberg   http://www.service-bw.de
- Vergabe Saarland   http://www.saarland.de/2428.htm
- Vergabe Bayern   http://www.vergabe.bayern.de

2.2.2.2   Überregionale Portale

- Deutsche eVergabe   http://www.deutsche-evergabe.de
- Vergabe24   http://www.vergabe24.de
- Mandaport GmbH   http://www.mandaport.de

2.2.3 Benutzung der Portale

Die Benutzung der Portale gleicht sich i. d. R., sodass hier der meist standardisierte Ablauf dargestellt wird.

1. Um ein Portal nutzen zu können, muss sich ein Unternehmen zunächst registrieren.

2. Ist das Unternehmen bereits registriert, so erfolgt die Anmeldung mit den bei der Registrierung angegeben Zugangsdaten.

3. Um Gewerke (Fachlos) spezifisch nach Ausschreibungen zu suchen, wird der CPV-Code[39] eingegeben.

4. Hat die Suche ein infrage kommende Ausschreibung ergeben, so muss hierzu der Antrag gestellt werden an der Ausschreibung teilnehmen zu wollen.

5. Hat der ÖAG dem Antrag entsprochen, so erhält der Nutzer Zugang zu der Ausschreibung. Er kann jetzt sämtliche Vergabeunterlagen einsehen und herunterladen, mit dem ÖAG kommunizieren und die Angebotsabgabe vorbereiten und durchführen.

---

[38]   Ohne Anspruch auf Vollständigkeit, Stand Dezember 2010
[39]   CPV = Common Procurement Vocabulary) zur Beschreibung des Auftragsgegenstandes

6. Zur Angebotsabgabe stehen i. d. R. vier verschiedene Arten zur Auswahl:

   – postalischer Versand, als klassische Abgabeart;
   – Mantelbogen, hierbei werden nur die Angebotsunterlagen elektronisch übermittelt, die rechtsgültige Unterschrift muss in Form des Mantelbogens postalisch folgen;
   – fortgeschrittene elektronische Signatur, die Angebotsabgabe erfolgt digital per fortgeschrittener Signatur (Softwarezertifikat), die bei verschiedenen Anbietern beantragt werden kann, und
   – qualifizierte elektronische Signatur, wie vor, jedoch wird die Signatur mittels Signaturkarte und Kartenlesegerät hergestellt.

Zudem hat der ÖAG, bei einer Beschränkten Ausschreibung, die Möglichkeit, Unternehmen einzuladen. Ein Unternehmen muss die Einladung nur akzeptieren und erhält Zugang zu der Beschränkten Ausschreibung.

Anforderung von Vergabeunterlagen in Papierform, per Telefax

Sehr geehrte Damen und Herren,

auf dem Internetportal _____ haben Sie die Vergabeunterlagen
_____ zum Herunterladen angeboten. Leider ist es uns aus technischen Gründen nicht möglich, derart große Datenmengen herunterzuladen. Damit wir nicht i.S.d. § 2 Abs. 2 VOB/A benachteiligt werden, bitten wir um Zusendung in gedruckter Form.

ODER:

wir haben von dem Internetportal _____ Ihre Vergabeunterlagen _____ heruntergeladen. Leider sind die beiliegenden erläuternden Zeichnungen in einem solchen Format, dass ein Ausdruck nur im Format DIN A2 Sinn macht. Leider verfügen wir nicht über die technische Ausstattung, und damit wir hierdurch nicht entgegen § 2 Abs. 2 VOB/A unangemessen benachteiligt werden, bitten wir um postalische Zusendung der Unterlagen.

Da es sich hier um eine Beschränkte Ausschreibung handelt, dürften für uns gemäß § 8 Abs. 7 Nr. 2 VOB/A keine Kosten anfallen.

[Bitte teilen Sie uns sehr kurzfristig mit, welche Kosten für den Versand der Unterlagen gemäß § 8 Abs. 7 Nr. 1 VOB/A anfallen. Wir werden den Betrag per Blitzüberweisung anweisen.]

Mit freundlichen Grüßen

Bewerber

Bild 2-2   Mustertext 1: Anforderung von Vergabeunterlagen in Papierform

Kann ein Unternehmen nicht auf ein Portal zugreifen und der ÖAG bietet nur dort an oder übersteigt das Format (Papierformate, Plangrößen) einer PDF-Datei die technischen Möglichkeiten einer Firma (Drucker, Plotter), so hat der ÖAG gemäß § 2 Abs. 2 VOB/A zu verfahren und den Unternehmer gleichzubehandeln, und daher kommt ein ausnahmsloser digitaler Versand der Unterlagen nicht infrage.[40]

2.2.3.1 CPV-Code

Die CPV-Nomenklatur besteht aus einem Hauptteil, der den Auftragsgegenstand definiert, und einem Zusatzteil zur Ergänzung weiterer qualitativer Angaben. Der Hauptteil beruht auf einer Baumstruktur, die Codes von bis zu 9 Ziffern (einen Code aus 8 Ziffern plus eine Prüfziffer) umfasst, denen eine Bezeichnung zugeordnet ist, die die Art der Lieferungen, Bauarbeiten oder Dienstleistungen beschreibt, die den Auftragsgegenstand darstellen.

Die CPV-Nomenklatur besteht aus einem Hauptteil und einem Zusatzteil.

Der Hauptteil beruht auf einer Baumstruktur, die Codes mit bis zu 9 Ziffern sowie die Bezeichnung umfasst, die die Art der Lieferungen, Bauarbeiten oder Dienstleistungen beschreibt, die den Auftragsgegenstand darstellen.

- Die beiden ersten Ziffern bezeichnen die Abteilungen (XX000000-Y).
- Die drei ersten Ziffern bezeichnen die Gruppen (XXX00000-Y).
- Die vier ersten Ziffern bezeichnen die Klassen (XXXX0000-Y).
- Die fünf ersten Ziffern bezeichnen die Kategorien (XXXXX000-Y).

Jede der letzten drei Ziffern entspricht einer weiteren Präzisierung innerhalb der einzelnen Kategorie.

Eine neunte Ziffer dient zur Überprüfung der vorstehenden Ziffern.[41]

Beispiele aus der 9454 Punkte umfassenden Liste:[42]

Code	Leistung
45262100-2	Gerüstarbeiten
45262110-5	Abbau von Gerüsten
45262120-8	Errichtung von Gerüsten
45262200-3	Fundamentierungsarbeiten und Brunnenbohrungen
45262210-6	Fundamentierungsarbeiten
45262211-3	Pfahlrammung
45262212-0	Verbauarbeiten
45262213-7	Schlitzwandbauweise

---

[40]   Bayerische Staatszeitung
[41]   Nach http://simap.europa.eu/codes-and-nomenclatures/codes-cpv/codes-cpv_de.htm
[42]   Die CPV-Nomenklatur, die durch VeroRdn.ung (EG) Nr. 213/2008 geändert, ist ab dem 17.09.2008 zu verwenden

45262220-9	Brunnenbohrung
45262300-4	Betonarbeiten
45262310-7	Stahlbetonarbeiten
45262311-4	Betonrohbauarbeiten
45262320-0	Estricharbeiten
45262321-7	Estricharbeiten (Fußboden)
45262330-3	Betonreparaturarbeiten
45262340-6	Einpressarbeiten
45262350-9	Arbeiten mit nicht verstärktem Beton
45262360-2	Zementierungsarbeiten

2.3 Der Kreis der beteiligten Unternehmen

An einem Ausschreibungsverfahren beteiligte Unternehmen sind **Bewerber**, die sich um die Teilnahme an einer öffentlichen Ausschreibung beworben haben und vom ÖAG Ausschreibungsunterlagen zugesandt bekamen. Die Bewerber, die die ausgefüllten Ausschreibungsunterlagen (Angebot) abgeben, werden zu **Bietern**. Daraus folgt, dass die beschränkte Ausschreibung – ohne Teilnahmewettbewerb – theoretisch keine Bewerber kennt, da der ÖAG davon ausgeht, dass alle aufgeforderten Unternehmen ein Angebot abgeben. Daher sind diese Firmen vor dem Begin des Verfahrens auf ihre Eignung hin zu überprüfen.

Die Prüfung der Qualifikation der Bieter – die Eignungsprüfung- gehört zur Kernkompetenz eines jeden ÖAG, und externe Planer dürfen dazu lediglich unterstützend herangezogen werden. Soweit der ÖAG sich einen Vorschlag eines Planers zu eigen macht, muss deutlich werden, dass er dessen Inhalt geprüft und eine eigenverantwortliche Entscheidung getroffen hat.[43]

2.3.1 Vorwettbewerbliche Eignungsprüfung (Präqualifikations-Verfahren)

Hierunter wird – seit der VOB/A Änderung 2006 – das Präqualifikations-Verfahren gemäß § 6 Abs. 3 Nr. 2 VOB/A verstanden, ein **freiwilliger auftragsunabhängiger Eignungsnachweis** für öffentliche Bauaufträge. Mit der 2009er Novellierung ist dieses Verfahren vor die Einreichung von Nachweisen gesetzt worden, damit dieses Verfahren in den Vordergrund gerückt wird. Bundes- und Landesbehörden sind im Übrigen angehalten, bei Beschränkten Ausschreibungen vorrangig auf präqualifizierte Unternehmen zurückzugreifen. Dem Unternehmen bleibt bei Öffentlichen Ausschreibungen jedoch die Wahl zwischen beiden Verfahren.

Durch dieses Verfahren soll die Eignungsprüfung für den ÖAG erleichtert werden. Die Unternehmen werden dadurch entlastet, dass das ständige Zusammenstellen der Unterlagen nur einmal gegenüber der Präqualifikationsstelle erfolgen muss.

---

[43] OLG München Urteil vom 21.08.2008 (Verg 13/08)

Unter Präqualifikation ist eine vorgelagerte, auftragsunabhängige Prüfung verschiedener Eignungsnachweise und einzelner zusätzlicher Kriterien zu verstehen. Dies bedeutet, dass Bieter, die Angebote bei ÖAG abgeben, ihre grundsätzliche Eignung auch gegenüber einer Präqualifikationsstelle nachweisen können und damit auf das Einreichen der üblichen und arbeitsintensiven Eignungsnachweise bei jedem einzelnen Angebot verzichten können.

Das Bundesministerium für Verkehr, Bauen und Wohnen hat zur Durchführung eines Präqualifizierungsverfahrens eine Leitlinie entwickelt.[44]

Bei den für eine Präqualifikation erforderlichen Nachweisen handelt es sich vornehmlich um jene Dokumente, die weitgehend unabhängig von den jeweils auszuführenden Gewerken sind. Im Einzelnen kann hier genannt werden:

A. Nachweise bzgl. der rechtliche Zuverlässigkeit:

– Es ist kein Insolvenzverfahren oder ein vergleichbares gesetzlich geregeltes Verfahren eröffnet oder die Eröffnung beantragt oder der Antrag mangels Masse abgelehnt worden (§ 6 Abs. 3 Nr. 2 e) VOB/A).
  Dieses findet keine Anwendung, sobald ein Insolvenzplan rechtskräftig bestätigt ist (§ 258 InsO).
– Das Unternehmen befindet sich nicht in Liquidation (§ 6 Abs. 3 Nr. 2 f) VOB/A).
– Es liegt keine schwere Verfehlung, die die Zuverlässigkeit als Bewerber infrage stellt, vor (§ 6 Abs. 3 Nr. 2 g) VOB/A), z. B.:
– wirksames Berufsverbot (§ 70 StGB),
– wirksames vorläufiges Berufsverbot (§ 132a StPO),
– wirksame Gewerbeuntersagung (§ 35GewO),
– rechtskräftiges Urteil innerhalb der letzten 2 Jahre wegen Mitgliedschaft in einer kriminellen Vereinigung (§ 129 StGB), Geldwäsche (§ 261 StGB), Bestechung (§ 334 StGB), Vorteilsgewährung (§ 333 StGB), Diebstahl (§ 242 StGB), Unterschlagung (§ 246 StGB), Erpressung (§ 253 StGB), Betrug (§ 263 StGB), Subventionsbetrug (§ 264 StGB), Kreditbetrug (§ 265b StGB), Untreue (§ 266 StGB), Urkundenfälschung (§ 267 StGB), Fälschung technischer Aufzeichnungen (§ 268 StGB), Delikte im Zusammenhange mit Insolvenzverfahren (§ 283 ff. StGB), wettbewerbsbeschränkende Absprachen bei Ausschreibungen (§ 298 StGB), Bestechung im geschäftlichen Verkehr (§ 299 StGB), Brandstiftung (§ 306 StGB), Baugefährdung (§ 319 StGB), Gewässer- oder Bodenverunreinigung (§§ 324, 324a StGB), unerlaubter Umgang mit gefährlichen Abfällen (§ 326 StGB), die mit Freiheitsstrafe von mehr als 3 Monaten od. Geldstrafe von mehr als 90 Tagessätzen geahndet wurden.
– Es liegen keine Eintragungen im Gewerbezentralregister nach § 150a GewO vor, die z. B. einen Ausschluss nach § 21 SchwarzArbG
– rechtskräftige strafgerichtliche Verurteilungen wegen einer Straftat oder einer Ordnungswidrigkeit nach § 8 Abs. 1 Nr. 2, §§ 9, 10 und 11 SchwarzArbG,
– rechtskräftige strafgerichtliche Verurteilungen wegen einer Straftat oder einer Ordnungswidrigkeit nach § 15, 15a, 16 Abs. 1 Nr. 1, 1b oder 2 des Arbeitnehmerüberlassungsgesetzes oder
– nach § 266a Abs. 1, 2 und 4 StGB, Bußgeldentscheidungen wegen illegaler Ausländerbeschäftigung nach § 404 Abs. 1 od. Abs. 2 Nr. 3 des 3. Buches Sozialgesetzbuch

---

[44] Anlage 1 zur Leitlinie des BMVBW für die Durchführung eines Präqualifizierungsverfahrens vom 25.04.2005 in der Fassung vom 17.12.2010

- oder nach 21 Abs. 1 AEntG rechtfertigen.
- Es liegt keine Eintragung in einem Landeskorruptionsregister vor.
- Die Verpflichtung zur Zahlung von Steuern und Abgaben ist ordnungsgemäß erfüllt (§ 6 Abs. 3 Nr. 2 h) VOB/A).
- Die Verpflichtung zur Zahlung der Beiträge zur gesetzlichen Sozialversicherung (ohne Berufsgenossenschaft) Sozialkassen ist ordnungsgemäß erfüllt (§ 6 Abs. 3 Nr. 2 h) VOB/A), soweit sie der Pflicht zur Beitragszahlung unterfallen.
- Die gesetzliche Verpflichtung zur Zahlung des Mindestlohns (§ 1 AEntG) wird erfüllt, soweit diese Verpflichtung besteht.
- Die Verpflichtung, nur Nachunternehmer einzusetzen, die ihrerseits präqualifiziert sind oder per Einzelnachweis belegen können, dass alle Präqualifikationskriterien erfüllt sind, dem ÖAG jeglichen Nachunternehmereinsatz mitzuteilen, rechtzeitig den Namen und die Kennziffer anzugeben, unter der der Nachunternehmer für den auszuführenden Leistungsbereich in der Liste präqualifizierter Unternehmer geführt wird, dem ÖAG auf Anforderung im Einzelfall die Eignungsnachweise des Nachunternehmers vorzulegen, wird erfüllt.
- Die Verpflichtung zur Anmeldung und zur Zahlung der Beiträge an die Berufsgenossenschaft ist erfüllt (§ 6 Abs. 3 Nr. 2 h) und i) VOB/A).
- Das Unternehmen hat sein Gewerbe ordnungsgemäß angemeldet, ist im Handelsregister und im Berufsregister des Firmensitzes eingetragen (§ 6 Abs. 3 Nr. 2 d) VOB/A).

B. Zur Leistungsfähigkeit und Fachkunde bezogen auf die **präqualifizierten Leistungsbereiche**:

- Gesamtumsatz für Bauleistungen des Unternehmers in den letzten drei abgeschlossenen Geschäftsjahren.
- Die auftragsgemäße Ausführung von im eigenen Betrieb erbrachten Leistungen
- a) der letzten 3,5 Jahre, gerechnet vom Tage des Fertigstellungstermins an, oder
- b) aus den letzten drei abgeschlossenen Geschäftsjahren
- für eine oder mehrere zu qualifizierende Einzelleistungen und/oder Komplettleistungen
- Die Zahl der in den letzten drei abgeschlossenen Geschäftsjahren jahresdurchschnittlich beschäftigten Arbeitskräfte, gegliedert nach Lohngruppen mit extra ausgewiesenen technischem Leitungspersonal.

C. Weiterhin können folgende Angaben informativ entnommen werden:

- Tariftreueerklärung Bund nach dem Erlass vom 7. 7. 1997 (B I 2 – 0 1082 – 102/31);
- Tariftreueerklärungen der Länder;
- Nachweis über bevorzugte(r) Bewerber nach der Richtlinie für die Berücksichtigung von Werkstätten für Behinderte und Blindenwerkstätten bei der Vergabe öffentlicher Aufträge.

Referenzen werden für die Präqualifikation in einem oder mehreren Leistungsbereichen anerkannt, wenn folgende Informationen vorliegen:

1. Bezeichnung des Bauvorhabens

2. Bauherr / Auftraggeber / Referenzgeber (einschließlich Anschrift, Telefonnummer und Ansprechpartner)

3. Angabe der vertraglichen Bindung (Hauptauftragnehmer, Arge-Partner oder Nachunternehmer)

4. Ort der Ausführung

5. Ausführungszeit (Baubeginn und Fertigstellungstermin)

6. Angabe der Leistungsbereiche (Nummer gemäß Anlage 2), auf die sich die Referenz bezieht

7. Stichwortartige Benennung des im eigenen Betrieb erbrachten maßgeblichen Leistungsumfangs unter Angabe der ausgeführten Mengen oder Auflistung der mit eigenem Führungspersonal koordinierten Gewerke

8. Zahl der hierfür durchschnittlich eingesetzten Arbeitnehmer oder Kurzbeschreibung der Baumaßnahme einschl. evtl. Besonderheiten der Ausführung

9. Auftragswert der beschriebenen Leistungen oder Auftragswert der Maßnahme

10. Stichwortartige Beschreibung der besonderen technischen und gerätespezifischen Anforderungen (einschließlich der Angabe, ob die Leistung für einen Neubau/Umbau/ Denkmal erbracht wurde)

11. Schriftliche Bestätigung des Referenzgebers hinsichtlich der auftragsgemäßen Ausführung sowie dessen Zustimmung zur Veröffentlichung zum Zweck der Präqualifikation des Unternehmens

Die **Gültigkeit der Nachweise** ergibt sich aus dem aktuellen Internetauszug zu den Daten des Unternehmens und sind meist als **Eigenerklärung** abzugeben.

Es bleibt dem ÖAG unbenommen, **weitere speziell für die jeweilige Bauleistung erforderliche Nachweise anzufordern** und in die Angebotswertung einzubeziehen. Die durch eine Präqualifikation abgedeckten Eignungsnachweise werden jedoch im Einzelfall keiner weiteren Prüfung unterzogen und müssen seitens der Unternehmen nicht gesondert vorgelegt werden.

2.3.2 Präqualifizierungsstellen

Zu den Stellen, die in einem wettbewerblichen Auswahlverfahren durch das Bundesamt für Bauwesen und Raumordnung ermittelt wurden, die einen Antrag auf Präqualifizierung entgegennehmen und prüfen, gehörten:

- Bureau Veritas Certification (bisher BVQI), 38118 Braunschweig,
- DQB – Deutsche Gesellschaft für Qualifizierung und Bewertung GmbH, 65189 Wiesbaden,
- DVGW CERT GmbH (bisher DVGW-Zertifizierungsstelle), 53123 Bonn,
- QCM-Consult GmbH, 55122 Mainz,
- VMC Präqualifikation GmbH (bisher VMC Vergabe-Management-Consulting GmbH), 10117 Berlin und
- Zertifizierung Bau e. V. 10117 Berlin

Die mit der Präqualifikation für die Unternehmen verbundenen Kosten belaufen sich für die Ersterfassung der Nachweise für die Ausbaugewerke bzgl. der rechtlichen Zuverlässigkeit auf ca. 375 bis 400 € und für die für einen Leistungsbereich (z. B. Fliesenleger) spezifischen Angaben auf 75 bis 180 €. Zudem ist ein jährliches Entgelt von ca. 300 bis 370 € für die Überwachung der gemachten Angaben zu entrichten.[45]

2.3.3 Durch Nachweise

Von den Unternehmen kann verlangt werden, dass sie gemäß § 6 Abs. 3 VOB/A umfangreiche Auskünfte über ihr Unternehmen erteilen. Hierzu sind in § 6 genaue Definitionen festgelegt worden. Werden somit vom Bieter hierzu Auskünfte verlangt, so hat er hierbei strenge formalistische Regeln einzuhalten. Der Bieter musste vor der 2009 Novellierung damit rechnen, dass er vom Verfahren ausgeschlossen wird, wenn er nicht alle erforderlichen Erklärungen eingereicht hat.[46]

Mit Inkrafttreten der 2009er VOB ist der ÖAG gemäß § 16 Abs. 1 Nr. 3 VOB/A jedoch verpflichtet, fehlende Eignungsnachweise nachzufordern. Dieser Aufforderung muss der Bieter innerhalb von 6 Tagen nachkommen. Andernfalls droht ihm der Ausschluss vom Verfahren. Damit sollte der Ausschlusstatbestand der fehlenden Eignungsnachweise der Vergangenheit angehören.

2.3.3.1 Die Nachweise gemäß § 6 Abs. 3 Nr. 2 VOB/A

1. den Umsatz des Unternehmens jeweils bezogen auf die letzten drei abgeschlossenen Geschäftsjahre, soweit er Bauleistungen und andere Leistungen betrifft, die mit der zu vergebenden Leistung vergleichbar sind, unter Einschluss des Anteils bei gemeinsam mit anderen Unternehmen ausgeführten Aufträgen,

2. die Ausführung von Leistungen in den letzten drei abgeschlossenen Geschäftsjahren, die mit der zu vergebenden Leistung vergleichbar sind,

3. die Zahl der in den letzten drei abgeschlossenen Geschäftsjahren jahresdurchschnittlich beschäftigten Arbeitskräfte, gegliedert nach Lohngruppen mit gesondert ausgewiesenem technischen Leitungspersonal,

4. die Eintragung in das Berufsregister ihres Sitzes oder Wohnsitzes.

Umsatz

Hierbei müssen die Angaben zu Buchstabe a) sich definitiv auf die letzten drei Geschäftsjahre beziehen. Als vergleichbare Leistungen ist nicht der gesamte Umsatz eines Bieters anzusehen, wenn dieser sich z. B. aus Hochbau und Tiefbau zusammensetzt und als vergleichbare Leistung Arbeiten zum Tiefbau verlangt wurden. Auch wird die Eigenerklärung als nicht erfüllt angesehen werden müssen, wenn sich zwischen den eingereichten Unterlagen Ungereimtheiten erkennen lassen können. Ist beispielsweise der angegebene Jahresumsatz für die vergleichbaren Leistungen abweichend von den Umsatzangaben der Referenzen (Buchstabe b), so kann hier der Rückschluss erfolgen, dass der Nachweis unvollständig oder fehlerhaft ist. Da hier das Kriterium Quantität untersucht werden soll, müssen die vergleichbaren Leistungen nicht gleich sein, aber eben doch vergleichbar.

---

[45] DVGW CERT GmbH, Entgeltliste bzw. Gebührenordnung der DQB Deutsche Gesellschaft für Qualifizierung und Bewertung mbH; Stand 30.08.2010

[46] Vgl. OLG Düsseldorf, VergabeR 2001, 221 | BauR 2001, 1304

Referenzleistungen

Zu Buchstabe b) muss wiederum eine Gliederung der letzten drei Geschäftsjahren erfolgen. Fehlen die Jahresangaben oder lassen sich Widersprüche zu Buchstabe a) errechnen, so ist der Nachweis nicht erbracht. Hat der Bieter Angaben zur auszuführenden Leistung gemacht, so müssen diese mit vergleichbaren Leistungen übereinstimmen. Soll für ein Verwaltungsgebäude ein Flachdach hergestellt werden, so reicht zum Nachweis nicht aus, wenn als vergleichbare Leistungen Ziegeldächer angegeben werden. Bekräftigt werden die Eigenerklärungen, wenn Angaben zu früheren Kunden mit Ansprechpartnern und Telefonnummern genannt werden.

Personal

Die Angaben zu c) verlangen wiederum eine dreijährige Gliederung. Hat sich in diesen drei Jahren keine Änderung ergeben, so kann hierauf verwiesen werden. Wobei der Hinweis „... in den letzten drei Jahren durchschnittlich ..." nicht gewertet werden kann, denn hieraus sind beispielsweise keine Personalschwankungen zu erkennen. Die Gliederung nach Lohngruppen sollte alle Arbeiter aufführen,[47] sodass auf Abgaben zu kaufmännischen Mitarbeitern verzichtet werden kann. Die Angabe zu den Beschäftigten muss im Zusammenhang mit den Leistungen, die zu erbringen sind, stehen. Die angestellten Mitarbeiter/innen des Bieters, die als Leitungspersonal gelten, sind zudem anzugeben.

Eigenerklärung

Die Angaben zu d) erfordern als Eigenerklärung lediglich die Angabe, in welchem Berufsregister der Bieter angemeldet ist. Hierbei handelt es sich um die Eintragung in das Handelsregister oder die Handwerksrolle und das Mitgliederverzeichnis der Industrie- und Handelskammer, bezogen auf das zu vergebende Gewerk bzw. die zu vergebenden Gewerke.

2.3.3.2 Gewerbezentralregisterauskunft

Bei Vergaben bis 30 000 € müssen Bieter **keine Auskünfte aus dem Gewerbezentralregister** vorlegen, sondern können eine „Eigenerklärung" beifügen. Bei Vergaben über 30 000 € und wenn keine „Eigenerklärung" vorliegt, muss eine beschränkte Gewerbezentralregister-Auskunft eingeholt werden.[48] Diese kann der ÖAG nach dem Eröffnungstermin, jedoch vor der Vergabe, einholen. Bei beschränkten Ausschreibungen besteht diese Verpflichtung theoretisch vor dem Versand der Unterlagen, also zum Zeitpunkt der Ermittlung der geeigneten Bewerber. In Nordrhein-Westfalen (KorruptionsbG) kann bei einer Beschränkten Ausschreibung der Nachweis auch nach Angebotsöffnung bis zur Zuschlagserteilung eingeholt werden.[49]

2.3.3.3 Sonstige

Für alle weiteren Angaben ist unbedingt zu beachten, dass hier ggf. ein Nachweis verlangt wird, sofern nicht anderes angegeben ist.

---

[47] Wenn auch seit der Reform des Betriebsverfassungsgesetzes im Jahre 2001 nicht mehr zwischen Angestellten und Arbeitern unterschieden wird, so ist hier aufgrund des Schwerpunktes der Bauleistungserbringung von den gewerblichen Mitarbeitern/innen eines Bieters auszugehen.

[48] SchwarzArbG § 21 „Ausschluss von öffentlichen Aufträgen"

[49] Kurzaufsatz von Belke | IBR Werkstattbeitrag 23.07.2009

Zu diesen gilt, dass wenn nichts anderes angegeben ist, ein Nachweis im Original erforderlich wird, und für Angaben, zu denen keine Eigenerklärung ausreicht, gilt die Angabe bzw. der Nachweis nur als erfüllt, wenn dieser von Dritten erfolgte. Als geeignet können auch solche Bewerber angesehen werden, die bereits für den AG tätig gewesen sind.[50] Hierauf sollte ein Bewerber in seiner Bewerbung verweisen.

2.3.4 Nicht zugelassene Unternehmen

Der Ausschluss aus dem Verfahren bei einer Beschränkten Ausschreibung ist nicht gleichbedeutend mit der Aufstellung der Liste von Unternehmen, die am Wettbewerb teilnehmen sollen. Der Ausschluss kann erst dann erfolgen, wenn feststeht, welche Unternehmen an der Beschränkten Ausschreibung teilnehmen sollen. Die Unternehmensliste ist vom ÖAG auf die Eignung der Bieter hin zu überprüfen.

Dadurch, dass Unternehmen ausgeschlossen werden können und seltener müssen, wird der ÖAG vor „faulen Eiern" geschützt. Denn liegen bestimmte, typisierte Merkmale i. S. d. § 16 Abs. 1 Nr. 2 und Abs. 2 VOB/A vor, ist der Bewerber gemäß § 6 Abs. 2 Nr, 2 VOB/A nicht geeignet, und es besteht nicht mehr die Gewährleistung, dass er als späterer AN den abzuschließenden Vertrag ordnungsgemäß erfüllen kann. Insofern erfolgt bei der **Beschränkten Ausschreibung eine Eignungsprüfung vor dem Wettbewerb**.

Bei der Öffentlichen Ausschreibung erfolgt die Eignungsprüfung in der zweiten Wertungsstufe des § 16 VOB/A.

Bei der Entscheidung, ob ein Unternehmen bei der vorgezogenen Eignungsprüfung ausgeschlossen wird, verfügt der ÖAG über einen Beurteilungsspielraum.[51]

Der Beurteilungsspielraum wird überschritten,

- wenn ein vorgeschriebenes Verfahren nicht eingehalten wird,
- wenn nicht von einem zutreffenden und vollständig ermittelten Sachverhalt ausgegangen wird,[52]
- wenn sachwidrige Erwägungen in die Wertung einbezogen werden oder
- wenn der sich im Rahmen der Beurteilungsermächtigung haltende Beurteilungsmaßstab nicht zutreffend angewandt wird.[53]

Sollte ein Anfangsverdacht gegen ein Unternehmen bestehen, so ist der ÖAG gut beraten diesem nachzugehen und von diesem entsprechende (entkräftende) Erklärungen zu verlangen.

Da der ÖAG ein erhebliches Interesse an der finanziellen Leistungsfähigkeit des späteren AN hat, ist der Tatbestand nach § 16 Abs. 1 Nr. 2 lit a VOB/A (Insolvenz) ein primärer Ausschlussgrund. Denn für die Zeit der Bauausführung und über die Gewährleistungszeit sollte der AN eine hohe Überlebensgewähr aufzeigen können.[54]

Zu dem Ausschlussgrund der schweren Verfehlungen ist festzustellen, was überhaupt schwere Verfehlungen sind oder eben nicht sind. Dies lässt sich an einigen Beispielen klären, denn eine

[50] Vergabekammer Lüneburg, Beschluss vom 02.04.2003 – 203- VgK-08/2003
[51] OLG Düsseldorf, B. v. 05.12.2006 - Az.: Verg 56/06 (und viele weitere Urteile)
[52] 1. VK Sachsen, B. v. 28.1.2004 - Az.: 1/SVK/158-03
[53] VK Nordbayern, B. v. 18.9.2003 - Az.: 320.VK-3194-31/ 03
[54] VK Nordbayern, B. v. 18.9.2003 - Az.: 320.VK-3194-31/03

Verfehlung ist nur dann schwer, wenn sie schuldhaft begangen wird und erhebliche Auswirkungen hat:[55]

- Verstöße gegen strafrechtliche Vorschriften (z. B. Beamtenbestechung, Vorteilsgewährung, Diebstahl, Unterschlagung, Erpressung, Betrug, Untreue und Urkundenfälschung, die noch zu einer – zumindest erstinstanzlichen – Verurteilung geführt haben, Verstöße gegen das GWB [z. B. Preisabsprachen] und UWG sowie Verstöße gegen zivil- und arbeitsrechtliche Vorschriften).[56]
- Ein Verstoß gegen § 266a StGB[57] (Vorenthalten und Veruntreuen von Arbeitsentgelt) ist keine schwere Verfehlung.[58]
- Streitige Tarifverstöße stellen zurzeit keine nachgewiesene schwere Verfehlung dar.[59]
- Auch liegt kein Ausschlussgrund vor, wenn es Streit über Gewährleistungs- oder Abrechnungsfragen bei einem bestehenden Auftrag gibt.[60]
- Jedoch kann die mangelnde Mitwirkung zur Aufklärung eines sensiblen Punktes bereits ein Fehlverhalten darstellen, sodass dadurch die Zuverlässigkeit infrage gestellt ist.[61]

Der ÖAG wird vor einem Ausschluss genaue Recherchen anstellen müssen, damit das Prinzip der Unschuldsvermutung und das des Diskriminierungsverbots nicht missachtet werden.

TIPP

Ein Unternehmen, das einmal ausgeschlossen wurde, kann jedoch heilende Maßnahmen einleiten, sodass eine spätere Beteiligung an anderen öffentlichen Ausschreibungen wieder gegeben ist. So sollte es z. B. nach dem Bekanntwerden von Bestechungsvorwürfen ernsthaft und nachhaltig darum bemüht sein, die Vorgänge aufzuklären und die erforderlichen personellen und organisatorischen Konsequenzen zu ziehen. Wurde die Verfehlung von einer bestimmten Person im Unternehmen begangen, so sollte sich das Unternehmen von dieser Person trennen. In diesem Zusammenhang ist zu berücksichtigen, dass eine längerfristige Nichtberücksichtigung eines Bewerbers wegen Unzuverlässigkeit gravierende Folgen für den Bewerber haben kann, sodass ein Ausschluss über längere Zeit ohnehin nur bei besonders schwerwiegenden Verstößen gerechtfertigt sein dürfte.[62]

---

[55] K Nordbayern, B. v. 22.01.2007 - Az.: 21.VK-3194 - 44/06
[56] 1. VK Sachsen, B. v. 25.6.2003 - Az.: 1/SVK/051-03
[57] Strafgesetzbuch, i.d.F 12. April 2008
[58] VK Nordbayern, B. v. 22.01.2007 - Az.: 21.VK-3194 - 44/06
[59] VK Hannover, B. v. 3.9.2003 - Az.: 26045 - VgK - 13/2003
[60] LG Düsseldorf, Urteil vom 16.03.2005 - Az.: 12 O 225/04
[61] VK Düsseldorf, B. v. 13.03.2006 - Az.: VK-08/2006-L
[62] 1. VK Bund, B. v. 11.10.2002 - Az.: VK 1-75/02; im Ergebnis ebenso VK Düsseldorf, B. v. 13.03.2006 - Az.: VK-08/2006-L

Unsere Nichtberücksichtigung als Fachfirma

Sehr geehrte Damen und Herren,

auf dem Internetportal _____ hatten Sie die Beschränkte Ausschreibung _____ angekündigt. Mit unserem Bewerbungsschreiben vom _____ und den Nachweisen gemäß § 6 VOB/A [Alternativ: *und der Angabe unserer Präqualifizierungsnummer*] hatten wir uns um eine Teilnahme an diesem Wettbewerb beworben.

Leider haben Sie uns offensichtlich nicht berücksichtigt. Hiergegen legen wir unseren Widerspruch ein. Die VOB/A sieht auch bei einer Beschränkten Ausschreibung keine Bewerber-Höchstbegrenzung vor, sodass ein Ausschluss aus diesem Grunde nicht möglich war.

Insofern müssen Sie Zweifel an unserer Eignung haben. Hierzu erbitten wir eine umfassende Aufklärung innerhalb der nächsten 6 Kalendertage und behalten uns die Einschaltung der nächsten Aufsichtsbehörde vor.

Mit freundlichen Grüßen

Bewerber

Bild 2-3　Mustertext 2: Widerspruch und Bitte um Aufklärung nach Nichtberücksichtigung bei einer Beschränkten Ausschreibung

Keine Ankündigung von Beschränkten Ausschreibungen

Sehr geehrte Damen und Herren,

wir sehen regelmäßig auf Ihrem Internetportal _____ nach, um zu erfahren wann und ob Sie Beschränkte Ausschreibungen, die für uns infrage kommen, durchführen.

Leider haben wir in der letzten Zeit keine Informationen ersehen können. Zudem ist der Zeitraum, den Sie betrachten, bereits abgelaufen. Damit handeln Sie normkonträr zu § 19 Abs. 5 der VOB/A. Hierzu fordern wir eine Einhaltung der Norm.

Mit freundlichen Grüßen

Bewerber

Bild 2-4　Mustertext 3: Keine Ankündigung von Beschränkten Ausschreibungen

3 Ausschreibungsarten

3.1 Wahl der richtigen Vergabeart

Prinzipiell ist der Öffentlichen Ausschreibung der Vorrang vor allen anderen Arten zu geben. Die Öffentliche Ausschreibung muss stattfinden, soweit nicht die Eigenart der Leistung oder besondere Umstände eine Abweichung rechtfertigen, so § 3 Abs. 2 VOB/A. Diese Normierung resultiert daraus, dass den Grundsätzen des Vergaberechts (Wettbewerb, Transparenz, Gleichbehandlungsgebot) am besten durch die Öffentliche Ausschreibung entsprochen wird.[63] Die Ausnahmen, wann eine andere Vergabeart erfolgen kann, werden durch nationale Verwaltungsanweisungen definiert und sind darüber hinaus durch § 3 Abs. 3 bis 5 VOB/A präzisiert worden. Die Gründe für die Wahl der entsprechenden Vergabe sind im Vergabevermerk zu dokumentieren.

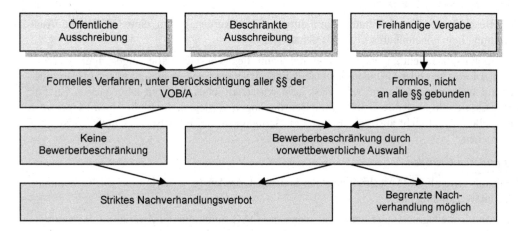

Bild 3-1 Übersicht über die wesentlichen Unterschiede der Verfahren

3.1.1 Entscheidungskriterien des ÖAG

Wertgrenzenregelung

Die in § 3 Abs. 3 VOB/A definierten Wertgrenzen wurden lediglich für einige wenige Bundesländer in die VOB/A aufgenommen, weil diese Länder bisher noch keine Wertgrenzenregelungen definiert hatten und die novellierte VOB/A nunmehr **Orientierungswert** beinhaltet. In NRW wurden hier z. B. seit 1976 Wertgrenzen vom Innenministerium als verbindliche Maximalwerte vorgegeben. Diese Maximalwerte wurden im Weiteren jedoch von vielen Städten

---

[63] Stickler in K/M, VOB/A § 3, Rdn. 5

und Gemeinden nochmals deutlich unterschritten.[64] Damit bleibt das Ziel der Vergabeerleichterung durch Beschränkte Ausschreibung durch eine einfachere Entscheidung nach Wertgrenzen oftmals noch deutlich unter der nun eingeführten Normierungen der VOB/A.

Eine Beschränkte Ausschreibung kann danach bei Unterschreitung der nachfolgend aufgelisteten geschätzten Auftragssummen vorgenommen werden:

- für Ausbaugewerke (ohne Energie- und Gebäudetechnik), Landschaftsbau und Straßenausstattung ab 50 000 €/netto;
- für Tief-, Verkehrswege- und Ingenieurbauten ab 150 000 €/netto;
- bei den übrigen Gewerken ab 100 000 €/netto.

Unter einem Auftragsvolumen von 10 000 €/netto darf ohne weitere Begründung eine Freihändige Vergabe vorgenommen werden.

Sachregeln

Die Sachregeln kommen zur Anwendung, wenn die Regeln der Wertgrenzen überschritten werden.

Kein annehmbares Ergebnis

Eine Beschränkte Ausschreibung kann durchgeführt werden, wenn eine Öffentliche Ausschreibung kein annehmbares Ergebnis gehabt hat,

Ein Ergebnis, das nicht angenommen werden kann, liegt vor, wenn alle eingegangenen Angebote aus formellen oder Gründen der mangelnden Bietereignung ausgeschlossen werden müssen. Ein weiterer Grund kann sein, dass kein wirtschaftliches Angebot eingegangen ist. Für diesen Grund müssen jedoch stichhaltige Begründungen vorliegen, der bloße Hinweis, dass die finanziellen Mittel nicht ausreichen, wird der Darlegungs- und Beweispflicht nicht vollständig entsprechen.[65]

Aus anderen Gründen

Wenn die Öffentliche Ausschreibung aus anderen Gründen (z. B. Dringlichkeit, Geheimhaltung) unzweckmäßig ist.

Ein Dringlichkeitsgrund liegt dann vor, wenn der ÖAG durch äußere Zwänge (z. B. Naturkatastrophen oder Brände) zu schnellem Handeln gezwungen ist. Es muss ein objektiver Dringlichkeitsgrund vorliegen.[66] Wurden die Vorleistungen des ÖAG unzureichend terminiert, so entspricht dies keinem Dringlichkeitsgrund.

Einen Grund zur Geheimhaltung kann bei militärischen Baumaßnahmen, Gefängnissen oder Bauten des Verfassungsschutzes gegeben sein. Denkbar sind aber auch bei Bauten, die für spezielle Forschungszwecke erstellt werden und deren Pläne vertraulich zu behandeln sind.

Ausschreibung nach Öffentlichem Teilnahmewettbewerb

Eine Beschränkte Ausschreibung nach Öffentlichem Teilnahmewettbewerb ist zulässig,

---

[64] In NRW verfügten nach einer Umfrage des Innenministeriums rd. 90% der Kommunen, vor der Einführung des Konjunkturpaketes II, über entsprechende Wertgrenzen.

[65] VK Südbayern, Beschluss vom 21.08.2003 – 32-07/03 | IBR 2004 41

[66] I/K A § 3 Nr. 32.

1. wenn die Leistung nach ihrer Eigenart nur von einem beschränkten Kreis von Unternehmen in geeigneter Weise ausgeführt werden kann, besonders wenn außergewöhnliche Zuverlässigkeit oder Leistungsfähigkeit (z. B. Erfahrung, technische Einrichtungen oder fachkundige Arbeitskräfte) erforderlich ist;

2. Außergewöhnliche Gründe an die Zuverlässigkeit oder Leistungsfähigkeit – nach objektiven Kriterien bemessen – können vorliegen, wenn die Bauarbeiten Spezialausbildungen voraussetzen oder anspruchsvolle technische Arbeiten durchgeführt werden müssen (wie Abfallbehandlungsanlagen).[67]

3. wenn die Bearbeitung des Angebots wegen der Eigenart der Leistung einen außergewöhnlich hohen Aufwand erfordert.

4. Ein Grund mit außergewöhnlich hohem Aufwand wäre eine Ausschreibung mit Leistungsprogramm gemäß § 7 Abs. 13 bis 15 VOB/A (Leistungsbeschreibung mit Leistungsprogramm).

Freihändige Vergabe

Freihändige Vergabe ist zulässig, wenn die Öffentliche Ausschreibung oder Beschränkte Ausschreibung unzweckmäßig ist, besonders

1. wenn für die Leistung aus besonderen Gründen (z. B. Patentschutz, besondere Erfahrung oder Geräte) nur ein bestimmtes Unternehmen in Betracht kommt;

2. Bei diesen besonderen Gründen zählt im weiteren eine Monopolstellungen, etwa aufgrund von Urheberrechten, dazu.[68] Jedoch kann auch der Besitz des zu bebauenden Grundstücks einen solchen Grund eines Anbieters begründen, da nur mit diesem wirtschaftlich über die Bauleistung verhandelt werden kann.

3. wenn die Leistung besonders dringlich ist;

4. Ergänzend zu dem Dringlichkeitsgrund bei der Beschränkten Ausschreibung, muss die Zeitnot des ÖAG so groß sein, dass er nicht mehr in der Lage ist, förmliche Angebotsunterlagen zu erstellen.

5. wenn die Leistung nach Art und Umfang vor der Vergabe nicht so eindeutig und erschöpfend festgelegt werden kann, dass hinreichend vergleichbare Angebote erwartet werden können,

6. Dieser Fall kann vorliegen, wenn der ursprüngliche AN – ggf. durch Insolvenz – durch einen neuen AN ersetzt werden muss.

7. wenn nach Aufhebung einer Öffentlichen Ausschreibung oder Beschränkten Ausschreibung eine erneute Ausschreibung kein annehmbares Ergebnis verspricht;

8. Alle Angebote der Beschränkten Ausschreibung wurden ausgeschlossen oder kein wirtschaftliches Angebot ist eingegangen. Als Konsequenz aus § 17 VOB/A.

9. wenn es aus Gründen der Geheimhaltung erforderlich ist;
   Dieses Argument ist nur gegeben, wenn nicht bereits mit dem beschränkten Bieterkreis einer Beschränkten Ausschreibung gewährleistet werden kann, dass die Geheimhaltung nicht verletzt wird.

---

[67] Vergabekammer bei der Bezirksregierung Münster, Beschl. v. 14. 10. 1999 VK 1/99.
[68] Rusam/Weyand in H/R/R A § 3 Rdn. 40.

10. wenn sich eine kleine Leistung von einer vergebenen größeren Leistung nicht ohne Nachteil trennen lässt.

Mit diesem Argument legitimiert der ÖAG alle Nachtragsbeauftragungen, wenn die Nachtragsbeauftragung im Verhältnis zum Hauptauftrag deutlich kleiner (< 50 %) ist.

3.1.2 Öffentliche Ausschreibung

Der Öffentlichen Ausschreibung geht immer **eine öffentliche Bekanntmachung voraus**. Dadurch wird ein breites Spektrum an Firmen erreicht, die sich an der Ausschreibung beteiligen möchten. Es ist nicht unzulässig, dass der Planer oder der ÖAG einzelne Firmen auf die Bekanntmachung hinweist und diese um die Teilnahme am Verfahren bittet. Hierbei dürfen die Firmen jedoch keine zusätzlichen Informationen erhalten.[69] Mit diesem Verfahren wird einer unbeschränkten Anzahl von Firmen die Möglichkeit eingeräumt, Angebote abzugeben. Gemäß § 6 Abs. 2 Nr. 1 VOB/A sind bei dieser Art der Ausschreibung die Unterlagen an alle Bewerber abzugeben, die sich gewerbsmäßig mit der Ausführung von Leistungen der ausgeschriebenen Art befassen. Hieraus folgt lediglich, dass der „Fensterbauer" keine Unterlagen zu Natursteinarbeiten erhalten darf.

Der standardisierte Ablauf dieses formellen Verfahrens stellt sich wie folgt dar:

- Erstellung der Vergabeunterlagen (§§ 6, 8 VOB/A)
- Bekanntmachung (§ 12 Abs. 1 VOB/A)
- Versand der Vergabeunterlagen (§ 12 Abs. 1 VOB/A)
- gegebenenfalls Auskünfte an die Bewerber (§ 12 Abs. 7 VOB/A)
- Einreichung der Angebote (Fristen) (§ 10 VOB/A)
- Eröffnungstermin (§ 14 VOB/A)
- formale Angebotsprüfung – 1. Wertungsstufe (§ 16 Abs. 1 VOB/A)
- Eignungsprüfung – 2. Wertungsstufe (§ 16 Abs. 2 VOB/A)
- Rechnerische Prüfung und Angemessenheitsprüfung – 3. Wertungsstufe (§ 16 Abs. 3 bis 6 Nr. 1 VOB/A)
- gegebenenfalls Aufklärung des Angebotsinhalts (§ 15 VOB/A)
- Auswahl des wirtschaftlichsten Angebots – 4. Wertungsstufe (§ 16 Abs. 6 Nr. 3 VOB/A)
- Zuschlag (§ 18 VOB/A)
- Aufhebung der Ausschreibung (§ 17 VOB/A)
- Benachrichtigung der Bieter (§ 19 VOB/A)

Der entschiedene Vorteil dieser Ausschreibung ist, dass hierdurch ein breites Marktspektrum zu einer unabhängigen Preisfindung führt. Weiterhin kann die förmlich durchzuführende Eignungsprüfung zu tieferen Erkenntnissen führen als das oft formlose Verfahren bei der Beschränkten Ausschreibung.

3.1.3 Beschränkte Ausschreibung

Der wesentliche Unterschied zur Öffentlichen Ausschreibung ist hier die vom ÖAG **vorgenommene Auswahl der Bewerber**, bei der er mindestens 3 Bewerber aufzufordern hat. Im Weiteren wird ohne und nach Öffentlichem Teilnahmewettbewerb in der ersten Stufe des Ver-

---

[69]   OLG Schleswig, Urteil vom 17. 2. 2000 - 11 U 91/98 | NZBau 2000, 207

fahrens („Bekanntmachung des Teilnahmewettbewerbs") differenziert. Der weitere Ablauf erfolgt bei beiden Varianten einheitlich.

Der standarisierte Ablauf ändert sich gegenüber der Öffentlichen Ausschreibung wie folgt:

- Erstellung der Vergabeunterlagen (§§ 6, 8 VOB/A)
- Ggf. Bekanntmachung des Teilnahmewettbewerbs (§ 12 Abs. 2 VOB/A)
- Eignungsprüfung – 1. Wertungsstufe (§ 16 Abs. 1 VOB/A)
- Versand der Vergabeunterlagen (§ 12 Abs. 1 VOB/A)
- Gegebenenfalls Auskünfte an die Bewerber (§ 12 Abs. 7 VOB/A)
- Einreichung der Angebote (§ 10 VOB/A)
- Eröffnungstermin (§ 14 VOB/A)
- formale Angebotsprüfung – 2. Wertungsstufe (§ 16 Abs. 1 VOB/A)
- im Weiteren wie vor.

Die Definition, bzw. Einflussnahme des ÖAG auf die Bildung der Firmenliste, ist der Vorteil dieses Verfahrens. Der frühere Vorteil der Wettbewerbsbeschränkung auf maximal 8 Bewerber ist mit der 2009er Novellierung entfallen. Nachteilig dürfte, vor allem bei einer nicht so eng ausgelegten Regelung – des Verbots der regionalen Eingrenzung – des § 6 Abs. 1 Nr. 1 VOB/A, die sich einstellende Marktkenntnis der Bewerber sein. Diesen kann nicht verwehrt werden, dass sie sich, ggf. auch nur stillschweigend, auf eine Marktaufteilung einigen. Weiterhin ist zu beachten, dass bei beschränkten Ausschreibungen keine Sicherheitsleistungen verlangt werden sollen.

Ohne Öffentlichen Teilnahmewettbewerb

Die Auswahl der Bewerber erfolgt ohne Teilnahmewettbewerb weitgehend formfrei.[70] Gemäß § 6 Abs. 2 Nr. 3 VOB/A dürfen nicht ausschließlich bekannte Unternehmen aufgefordert werden. Um eine Marktabschottung zu vermeiden, muss unter den Bewerbern gewechselt werden. Auch darf nach § 6 Abs. 1 Nr. 1 VOB/A der Wettbewerb nicht auf bestimmte Regionen oder Orten beschränkt werden. Bei der Anzahl der Bewerberauswahl ist der ÖAG nach der 2009er Novellierung nur noch an die Untergrenze von mindestens drei Bewerbern gebunden (§ 6 Abs. 2 Nr. 2 VOB/A).

Die Eignungsprüfung, die weitgehend formfrei erfolgt, kann sich auf Erfahrungswerte aus früheren Vertragsbeziehungen stützen. Liegen für ein Unternehmen, das aufgefordert werden soll, keine Informationen vor, so sind diese vom Planer zu beschaffen.

Nach Öffentlichem Teilnahmewettbewerb

Im Gegensatz zur obigen Variante ist hier das Bewerberauswahlverfahren nicht formfrei. Ähnlich wie die Öffentliche Ausschreibung wird auch der Teilnahmewettbewerb öffentlich bekannt gemacht (§ 12 Abs. 1 VOB/A). Die Firmen, die an der Ausschreibung interessiert sind, können einen Teilnahmeantrag stellen und ihre Eignung nachweisen. Anhand der eingereichten Nachweise werden die geeigneten Firmen festgestellt. Der ÖAG ist nicht verpflichtet, alle geeigneten Bewerber aufzufordern. Die Auswahl unter den geeigneten Bewerbern muss nach objektiven, diskriminierungsfreien Kriterien erfolgen.[71] Hierbei ist zu entscheiden, welche

---

[70] Jasper in Beck-Komm, § 3, Rdn. 17.
[71] Jasper in Beck-Komm, § 3, Rdn. 22.

Bewerber am besten geeignet sind. Bei diesem Verfahren gilt: Ein „Mehr an Eignung" führt zur Teilnahme.[72]

Firmen können nun darum gebeten werden, sich am Teilnahmewettbewerb zu beteiligen. Es ist jedoch nicht erlaubt, dass Firmen, die nicht am Teilnahmewettbewerb beteiligt waren, später dennoch eine Ausschreibung erhalten.[73] Der öffentliche Teilnahmewettbewerb verhindert, dass der Wettbewerbskreis regional eingeschränkt wird.

3.1.4 Freihändige Vergabe

Dieses Verfahren berücksichtigt ebenfalls einen beschränkten Bewerberkreis, ist im Weiteren jedoch **nicht an alle formellen Regeln der VOB/A gebunden**. Da dieses Verfahren in begrenztem Maße Verhandlungen zulässt, wird die freihändige Vergabe in der VOB/A bewusst **nicht als „Ausschreibung" bezeichnet**. Trotz Formlosigkeit sind die Grundprinzipien des Vergaberechtes – Wettbewerb, Transparenz und Gleichbehandlungsgebot – auch bei dieser Beschaffungsmethodik zu beachten.[74]

Das Verhandlungsverbot des § 15 Abs. 3 VOB/A darf, in einem den Wettbewerb nicht verzerrenden Umfang, außer Acht gelassen werden, und die Verhandlung darf nicht dazuführen, dass etwas ganz anderes beauftragt wird als ausgeschrieben. Diese Regelung ist allein schon deshalb notwendig, da die Freihändige Vergabe die letzte Beschaffungsmöglichkeit des ÖAG ist, um nach gescheiterten Ausschreibungen doch noch ein Unternehmen beauftragen zu können. Somit müssen Verhandlungsspielräume möglich sein.

Insofern gelten für die Freihändige Vergabe nachfolgende Grundregeln:

- Erstellung der Vergabeunterlagen (§§ 6, 8 VOB/A)
- Wechsel unter den Bewerbern (§ 6 Abs. 2 Nr. 3 VOB/A)
- Eignungsprüfung (§ 6 Abs. 3 Nr. 6 VOB/A)
- Sicherheitsleistung i. d. R nicht (§ 9 Abs. 7 VOB/A),
- Zuschlags- und Bindefrist (§ 10 Abs. 8 VOB/A)
- Unentgeltliche Abgabe der Unterlagen (§ 8 Abs. 7 Nr. 2 VOB/A)
- Einheitliches Versanddatum (§ 12 Abs. 4 Nr. 2 VOB/A)
- Entschädigung für die Bearbeitung des Angebots (§ 8 Abs. 8 Nr. 2 VOB/A),
- Durchführung eines Eröffnungstermins, ohne Bieterbeteiligung
- Verwahrung und Geheimhaltung der Angebote (§ 14 Abs. 8 VOB/A)
- Prüfung der Angebote bei Rechenfehlern (§ 16 Abs. 4 Nr. 3 VOB/A)
- Berücksichtigung von Umständen, die nach Aufforderung zur Angebotsabgabe Zweifel an der Eignung des Bieters begründen (§ 16 Abs. 2 Nr. 2 VOB/A)
- Die Wertung von Angeboten (§ 16 Abs. 10 VOB/A)

Soweit der ÖAG zusätzliche Regeln für das Verfahren vorgibt, ist er hieran gebunden.[75]

---

[72] BGH, Urteil vom 08.09.1998 - X ZR 109/96 | NJW 1998, 3644, 3645

[73] Rusam/Weyand in H/R/R VOB/A § 3, Rdn. 22

[74] Jasper in Beck-Komm, § 3, Rdn. 29

[75] Stickler in K/M, VOB/A § 3, Rdn. 26

3.1.5 Vertragsarten

Mit den Ausschreibungen soll der wirtschaftlichste Preis für eine bestimmte Bauleistung gefunden werden. Aufgrund der Vergabeunterlagen führt die Zuschlagserteilung auf das wirtschaftlichste Angebot i. d. R. zum Einheitspreisvertrag (§ 7 Abs. 9–12 VOB/A). Jedoch ist die Formulierung der Vergabeunterlagen gemäß § 7 Abs. 13–15 VOB/A auch dahin gehend möglich, dass ein Pauschalpreisvertrag geschlossen werden soll. Im Einzelnen unterscheiden sich die Vertragsarten wie im Weiteren beschrieben. Zur Information wird auch kurz der Regievertrag aufgeführt, da dieser sich aus den Abrechnungsregeln des § 15 VOB/B ergeben kann.

3.1.5.1 Einheitspreisvertrag

Vergabeunterlagen, die im Ergebnis zu dieser Vertragsform führen, beruhen auf Leistungsbeschreibungen mit Leistungsverzeichnissen (LV) (§ 7 Abs. 9–12 VOB/A). Das LV ist dabei in Positionen (Teilleistungen) und oftmals Gruppenstufen (z. B. Los, Gewerk, Abschnitt, Titel) gegliedert. Die Positionen werden detailliert beschrieben, damit dem Bieter kein ungewöhnliches Wagnis i. S. v. § 7 Abs. 1 Nr. 3 VOB/A aufgebürdet wird. Der Bieter stützt seine Kalkulation dabei auf diese detaillierte Beschreibung und gibt seinen Preis als Einheitspreis (EP) je (Leistungs-)Position an. Den Umfang der Leistungen erkennt der Bieter an den Vordersätzen (Mengen). Aus dem EP und den Vordersätzen resultiert durch Multiplikation der Positionsgesamtpreis (GP). Die Vordersätze beruhen oft auf vom Planer geschätzten Werten. Deshalb sieht § 2 Abs. 3 VOB/B vor, dass der AN bei einer Abweichung von mehr oder weniger als 10 % einen niedrigeren oder höheren EP verlangen kann. Die Preisanpassungsmöglichkeit bezieht sich jedoch nur auf Mengen, die sich gegen über dem LV „zufällig" änderten. Macht der Planer bzw. der AG von seinem Anordnungsrecht nach § 1 Abs. 4 VOB/B Gebrauch, so kann der ÖAG oder der AN einen neuen Preis gemäß § 2 Abs. 5 VOB/B verlangen. Qualitative Abweichungen von den detailliert beschriebenen Positionen führen grundsätzlich zu zusätzlichen Vergütungsansprüchen im Sinne des § 2 Abs. 5 und 6 VOB/B.

Beispiel

Auszug aus dem Leistungsverzeichnis (nur Kurztexte) eines Einheitspreisvertrages:

Tabelle 3-1   LV eines EP-Preis Vertrag

Pos. Nr.	Kurztext	Massen	Einheit (E)	EP	GP
				€/E	€
01.01	Freimachen				
01.01.1	Gittermattenzaun h ~ 1,50 m demontieren	25	m	10,00	250,00
01.01.2	Gittermattenzaun h ~ 2,00 m demontieren	10	m	15,00	150,00
	....				
01.02	Erdarbeiten				
01.02.1	Bauzaun als Baustelleneinzäunung	120	m	10,00	1.200,00
01.02.2	Vorbereiten der Zufahrtstraße zur	10	m³	5,00	50,00

Pos. Nr.	Kurztext	Massen	Einheit (E)	EP	GP
				€/E	€
	Baustelle				
01.02.3	Baustraße herstellen, HKS	90	m³	30,00	2.700,00
	....				
01.02.14	Gelände auffüllen mit HKS	247,5	m³	35,00	8.662,50
01.02.15	Handausschachtung	3	m³	115,00	345,00
	Gesamtsumme netto				25.945,00
	Umsatzsteuer v.z.Z.	19 %			4.929,55
	Angebotspreis brutto				**30.874,55**

Die Abrechnung erfolgt nach Fertigstellung der Leistungen über ein gemeinsames Aufmaß nach § 14 Abs. 2 VOB/B.

3.1.5.2   Pauschalpreisvertrag

Pauschalpreisverträge sind in zwei Kategorien zu unterteilen. Wurde der Vertrag geschlossen, in dem der Preis auf der Grundlage einer nach dem Willen des AG vollständigen Leistungsbeschreibung mit LV pauschaliert wurde, handelt es sich um einen Detailpauschalvertrag. Erfolgte die Pauschalierung dagegen auf Grundlage einer Leistungsbeschreibung mit Leistungsprogramm (§ 7 Abs. 13–15 VOB/A), so führt dieses zu einem Global-Pauschalvertrag.

Der Umfang des Pauschalvertrages richtet sich nach den bis zum Vertragsabschluss bekannten Leistungen. Alles, was bis zur Vertragsunterzeichnung zwischen AG und AN verhandelt wurde, wird in den Vertrag aufgenommen. Denn dies entspricht der für den AN erkennbaren Äquivalenzerwartung des AG.[76] Gleichwohl gilt dies nicht für den ÖAG, denn dieser würde damit eine unzulässige Nachverhandlung durchführen, es sei denn, er verhandelt bei einer freihändigen Vergabe mit allen beteiligten Bietern.

Detail-Pauschalvertrag

Hierbei werden nur die Leistungen gemäß der Leistungsbeschreibung mit LV vom Pauschalpreis erfasst. Sie sind Vertragsinhalt. In diesen Fällen ist von einer reinen Mengenpauschalierung auszugehen. Damit werden vom Leistungsverzeichnis nicht erfasste Arbeiten nicht von der Pauschalpreisvereinbarung erfasst. Sie können unter den Voraussetzungen des § 2 Abs. 5 bis 8 VOB/B Vergütungsansprüche auslösen.[77] Das gilt ausdrücklich auch für Leistungen, die zunächst vom AG nicht beauftragt worden sind (z. B. Bedarfspos.), nachträglich jedoch wieder angeordnet werden.[78]

---

[76] OLG Celle, Urteil vom 10.02.2010 - 7 U 103/09 | IBR 2010 3007

[77] Kniffka/Koeble, Kompendium des Baurechts, 5. Teil „Der Werklohnanspruch des Auftragnehmers" 3. Auflage 2008, Rdn. 81

[78] BGH, Urteil vom 22-03-1984 - VII ZR 50/82 (KG) | NJW 1984, 1676

LV eines Detail-Pauschalvertrags:

Tabelle 3-2   LV eines Detail-Pauschalvertrags

Pos. Nr.	Kurztext	Massen	Einheit (E)	EP	GP
				€/E	€
01.01	Freimachen				
	....				
01.02	Erdarbeiten				
	....				
01.02.13	Bodenfläche Kriechkeller HKS, Bedarfspos.	22,5	m³	30,00	EP
01.02.14	Gelände auffüllen mit HKS	247,5	m³	35,00	8.662,50
01.02.15	Handausschachtung	3	m³	115,00	345,00
	Gesamtsumme netto				25.945,00
	Umsatzsteuer von z. .Z.	19 %			4.929,55
	Angebotspreis brutto				**30.874,55**
	Pauschaler Vertragspreis				**30 000,00**

Qualitative Abweichungen von der detaillierten Leistungsbeschreibung als Grundlage des Detail-Pauschalvertrages führen, wie beim Einheitspreisvertrag, zu zusätzlichen Vergütungsansprüchen im Sinne des § 2 Abs. 5 und 6 VOB/B. Das Vollständigkeitsrisiko in qualitativer Hinsicht trägt daher der ÖAG.

Bezüglich der Mengen ist festzustellen, dass hinsichtlich der vom AN zu erbringenden Leistungen die Leistungsbeschreibung mit LV und der Pläne in quantitativer Hinsicht abschließend ist. Damit wird das Mengenrisiko auf den AN durch Pauschalierung des Preises überbürdet.[79] Massenänderungen begründen daher Mehrvergütungsansprüche des ANs nur in den seltenen Fällen, in denen § 2 Abs. 7 Nr. 1 Satz 2[80] VOB/B anwendbar ist. Quantitativ werden die Massen geschuldet, die zur Herstellung des vertraglich geschuldeten Bauwerkes erforderlich sind. Abweichend von § 2 Abs. 2 VOB/B findet daher beim Pauschalpreisvertrag keine Abrechnung nach Aufmaß statt.[81]

Qualitativ geschuldet wird beim Detail-Pauschalpreisvertrag im Grundsatz danach nur das, was als Hauptleistungsposition in der Leistungsbeschreibung ausdrücklich benannt ist, ferner sämtliche nach Maßgabe VOB/C oder sonstiger Vertragsbedingungen geschuldeten Nebenleistungen.

---

[79] Keldungs in I/K § 2 Nr 7 Rn 10

[80] Weicht jedoch die ausgeführte Leistung von der vertraglich vorgesehenen Leistung so erheblich ab, dass ein Festhalten an der Pauschalsumme nicht zumutbar ist (§ 242 BGB), so ist auf Verlangen ein Ausgleich unter Berücksichtigung der Mehr- oder Minderkosten zu gewähren.

[81] Jansen / Preussner, Beck'scher Online-Kommentar, VOB/B § 2 Nr. 7, Rdn. 9

Eine sogenannte Komplettheitsvereinbarung ist, wenn sie Gegenstand von Allgemeinen Geschäftsbedingungen des AGs ist, wegen Verstoß gegen § 307 BGB[82] unwirksam.[83]

Der ÖAG kann eine Vergütungsanpassung beim vollständigen Wegfall von in der Leistungsbeschreibung aufgeführten Leistungen verlangen. Es liegt dann ein Fall der Minderleistung vor, wobei die Abrechnung danach zu differenzieren ist, welche Ursache der Leistungswegfall hat. Soweit sachlich eine Teilkündigung vorliegt, steht dem AN der Anspruch nach § 649[84] BGB zu.

Der Leistungsinhalt wurde beim Detail-Pauschalvertrag durch den AG bestimmt. Dieser hat die Vordersätze vorgegeben, sind diese falsch, so ändert dies den Pauschalpreis nicht, wenn der AN Mengenermittlungsparameter hatte, um die Menge richtig ermitteln bzw. überprüfen zu können.

Hat also der AN die Möglichkeit der Mengenermittlung bzw. der Überprüfung der Vordersätze nach Vorgaben durch den AG gehabt und führen die Mengenänderungen zu einer Preisabweichung von ± 20 % der Gesamtsumme und haben sich einzelne LV-Positionen nicht um mehr oder weniger als 100 % geändert, so bleibt der Preis gleich.

Global-Pauschalvertrag

Dieser Vertragstyp weist im Gegensatz zum obigen nicht nur eine Summen-, sondern auch eine Leistungspauschalierung auf.[85] Ein solcher Vertrag kommt i. d. R. auf Grundlage einer Leistungsbeschreibung mit Leistungsprogramm (Funktionale Ausschreibung) zustande. Die Leistungsbeschreibung lässt dem AN relativ freie Hand darüber, wie er die Fertigstellung des Bauwerkes erreicht.

Es ist nicht mehr möglich, einen Detail-Pauschalpreisvertrag in einen Global-Pauschalvertrag umzuwandeln. Denn die Vertragsgrundlage ist beim Detail-Pauschalpreisvertrag eben die detaillierte Leistungsbeschreibung.[86]

Der AN übernimmt dabei die Ausführungsplanung oder Teile hiervon. Diese Planungsleistung des AN kann auch noch weitergehende Planungsverpflichtungen bis hin zur Entwurfs- oder Vorplanung umfassen. Kennzeichnend für den Global-Pauschalvertrag ist eben diese Übernahme von Planungsverpflichtungen und Planungsrisiken durch den AN. Fehlt einem Vertrag diese Übernahmeverpflichtung, so liegt kein Global-Pauschalvertrag vor.

Mit der Übernahme der Planungsrisiken erhält der AN die Befugnis, die Details, die nicht näher geregelt sind, selbst festzulegen.

Für den Global-Pauschalvertrag ist es nicht erforderlich, dass die gesamte Baumaßnahme an einen AN vergeben wird, hier sind alle Vertragskonstellationen offen.

Wird nur an einen AG (Generalunter- bzw. -übernehmer) vergeben, so kommt dies einer „schlüsselfertigen"-Vergabe, mit den besonderen Bedingungen für den ÖAG, gleich.

---

[82]   § 207 BGB „Inhaltskontrolle"

[83]   K/M VOB/B § 2 Rn 244 ; Werner/Pastor Bauprozess Rn 1196

[84]   § 649 „Kündigungsrecht des Bestellers", „... Kündigt der Besteller, so ist der Unternehmer berechtigt, die vereinbarte Vergütung zu verlangen; er muss sich jedoch dasjenige anrechnen lassen, was er infolge der Aufhebung des Vertrags an Aufwendungen erspart ..."

[85]   OLG Naumburg, Urteil vom 02.02.2006 - 4 U 56/05 | IBR 2007, 10; LG Köln, Urteil vom 12.06.2007 - 5 O 367/06 | IBR 2007, 544

[86]   OLG Koblenz, Urteil vom 31.03.2010 (U 4015/08)

Schlüsselfertige Vergabe

Allgemein

Die **schlüsselfertige Vergabe ist** aus mittelstandspolitischen Gründen standardmäßig **nicht in der VOB/A vorgesehen,** deshalb sollte meist losweise bzw. fachlosweise (Gewerke) ausgeschrieben werden. Die Abgrenzung der Lose ist dabei nach den Vorschriften der VOB/C oder den allgemeinen und/oder regional üblichen Unterschieden zwischen verschiedenen Fachgebieten oder Gewerbezweigen vorzunehmen.[87]

Mehrere Fachlose dürfen nur aus „wirtschaftlichen oder technischen Gründen" zusammen vergeben werden. Es kommt dann entweder zur Vergabe an einen Generalunternehmer oder zu gebündelten Vergaben, etwa für den Rohbau, für die Haustechnik oder den Ausbau eines zu errichtenden Gebäudes. Der Verzicht auf die Fachlosvergabe ist ein Ausnahmefall und detailliert zu begründen.[88]

Fachlos-Aufteilung

Für die Aufteilung in Fachlose gilt ergänzend § 97 Abs. 3 GWB, wonach mittelständische Interessen vornehmlich durch diese Aufteilung „angemessen" zu berücksichtigen sind.

Obwohl die Fachlosvergabe Vorrang hat, ist nicht in allen Fällen und für jeden Tätigkeitsbereich eine Leistung getrennt auszuschreiben. In § 5 Abs. 2 VOB/A heißt es, dass die Bauleistungen verschiedener Fachlose getrennt zu vergeben sind. Dabei kann auf die typischen Tätigkeitsbereiche der Bauleistungsfirmen Rücksicht genommen werden. So ist eine Bündelung der „Haustechnik" zu einem Fachlos nicht konträr zu sehen.[89] Ebenso können auch regionale Eigenarten zu einer Gewerkbündelung führen, z. B. Zimmer- und Dachdeckerarbeiten.

Indizien dafür, inwieweit Fachlose auch tätigkeitsübergreifend gebildet werden dürfen, leiten sich aus der Entwicklung im Handwerksrecht ab, wonach die Gewerke Maurer, Beton- und Stahlbetonbauer und Feuerungs- und Schornsteinbauer zu einem Fachlos (Gewerk) mit der Bezeichnung „Maurer und Betonbauer" und die Gewerke Gas- und Wasserinstallateure und Zentralheizungs- und Lüftungsbauer zu einem Gewerk mit der Bezeichnung „Installateur und Heizungsbauer" zusammengefasst wurden.[90]

Ist eine eindeutige Trennung zwischen den Losen möglich, so wird eine Fachlosvergabe auszuschließen sein. Bei Straßenbauarbeiten wird demnach die Errichtung der Lärmschutzwand i. d. R. als gesondertes Los auszuschreiben sein.[91]

Der Bundesminister für Verkehr hat ein Rundschreiben zur Anwendung der einschlägigen Vergabebestimmung verfasst.[92] Danach kann ein Zusammenfassen einzelner oder aller Fachlose in einer Ausschreibung vorgesehen werden, wenn sich der Auftraggeber die losweise Vergabe der einzelnen Fachlose vorbehält. Hierauf ist in der Bekanntmachung und in der Aufforderung zur Angebotsabgabe hinzuweisen. Unternehmen können dann einzelne, mehrere oder alle Fachlose anbieten, und es entscheidet der Wettbewerb, ob es zu Einzelvergaben oder zur

---

[87] VHB Anm. 3 zu § 4 VOB/A i.d.F. 2006

[88] VK Arnsberg, Beschluss vom 26.06.2009

[89] Schranner in I/K § 4 Nr. 3 Rdn. 17

[90] Vgl. Anlage A zur Handwerksordnung i. d. F. des 2. Gesetzes zur Änderung der HandwerksO vom 25. 3. 1998 BGBl. I S. 596

[91] OLG Düsseldorf, Beschluss vom 25.11.2009 - Verg 27/09

[92] Rundschreiben Straßenbau Nr. 31/1997 vom 30. 6. 1997

Paket- bzw. GU-Vergabe kommt. Mit dieser Variationsoption wird jedoch keine funktionale Beschreibung der Leistung möglich sein.

Wirtschaftliche oder technische Gründe

Wie oben ausgeführt, müssen für eine schlüsselfertige Vergabe wirtschaftliche oder technische Gründe vorliegen, diese liegen mit Zweckmäßigkeitsgesichtspunkten (z. B. Kapazitätsmängel in der Bauverwaltung) jedoch nicht vor.[93]

Ausschreibungsart

Weiterhin sollte nach dem vorgesehenen Planungsumfang entschieden werden, ob eine gesamt schlüsselfertige Vergabe inkl. Planungsleistungen (Statik und Ausführungsplanung) mittels einer funktionalen Ausschreibung gemäß § 7 Abs. 13 bis 15 VOB/A angestrebt wird, oder aber ob die Zusammenfassung zu mehreren Teillosen (z. B. Rohbau, Ausbaugewerke, und Haustechnik) ohne Planungsleistungen mittels einer funktionalen Ausschreibung sinnvoll ist. Letztere Variante eröffnet auch „kleineren" Betrieben, sich durch Bildung von Arbeitsgemeinschaften an den Ausschreibungen erfolgreich zu beteiligen.

Im Fall einer funktionalen Ausschreibung – Leistungsbeschreibung mit Leistungsprogramm – steht jedem Bieter, der sich an dem Ausschreibungsverfahren beteiligt, eine angemessene Entschädigung für die Erstellung seines Angebotes gemäß § 8 Abs. 8 Nr. 1 VOB/A zu.[94] Oettel gab hier an, dass das gewöhnliche Honorar eines Planers, verteilt auf alle Bieter, eine angemessene Entschädigung darstellen könnte.[95]

Hieraus und aus der Normierung des § 3 Abs. 2 und Abs. 3 Nr. 3 VOB/A folgt, dass funktionale Ausschreibungen i. d. R. nicht für Öffentlichen, sondern vornehmlich für Beschränkte Ausschreibungen sinnvoll sind. Dieser sollte, um ein breites Markfeld über die Ausschreibungsabsicht zu informieren, ein öffentlicher Teilnahmewettbewerb vorausgehen. Für die Bewerber, die zur Abgabe im Weiteren aufgefordert werden, gilt, dass wegen der umfangreichen Vorarbeiten deren Zahl möglichst eingeschränkt werden sollte. Damit dürften mehr als 8 Bewerber, trotz der entfallenden maximalen Beschränkung von 8, der § 6 Abs. 2 Nr. 2 VOB/A sieht keine Obergrenze mehr vor, nicht mehr sinnvoll sein.[96] Diese Bewerber müssen sodann die in § 6 Abs. 2 VOB/A geforderten Voraussetzungen einer gewerbsmäßigen Ausführung von wesentlichen Teilen der Bauausführung erfüllen[97] und auf die Ausführung von Bauleistungen ausgerichtet sein sowie die Leistung grundsätzlich im eigenen Betrieb ausführen. Anderfalls wird es sich um einen Generalübernehmer handeln, der bei Vergabe von Bauleistungen eines ÖAGs ausgeschlossen werden muss,[98] wenn der Anteil der von ihm selbst zu erbringenden Leistungen bei weniger als ca. 1/3 des Gesamtvolumens liegt.[99]

Insofern gilt, dass aufgrund der für den ÖAG zu tragenden Kostenanteile bei der Ausschreibung mit Leistungsprogramm und des evtl. GU-Aufschlags sowie der 1/3-Regelung eine „Schlüsselfertige Vergabe" i. d. R. nicht infrage kommt.

---

[93] Vergabeüberwachungsausschuss (VÜA) Thüringen vom 2. 1. 1997 1 VÜ 6/96 u.a.

[94] Kratzenberg sieht in I/K § 20 Nr. 2 Rdn. 15 die Notwendigkeit, wenn Planungsleistungen erbracht werden, die ansonsten dem AG obliegen. z. B. die Grundlage eines LV's sind. (Massenermittlung).

[95] Prof. Peter Oettel auf der VERPA Herbsttagung der technischen Prüfer NRW 2007

[96] I/K § 8 VOB/A Rdn. 33ff

[97] Schranner in I/K-, § 8 VOB/A, Rn. 17

[98] OLG Düsseldorf NZBau 2001, 106; anders VK Bund | NZBau 2002, 463

[99] OLG Frankfurt a. M., Beschluss vom 16. 5. 2000 - 11 Verg 1/99 | NZBau 2001 101

Sollte eine Ausschreibung als Leistungsbeschreibung mit Leistungsverzeichnis durchgeführt werden, so müssen vor Ausschreibung der zusammengefassten Fachlose alle detaillierten Angaben genauestens feststehen. Insofern wird die mittlerweile allgemeingültige Bearbeitungspraxis der baubegleitenden Planung oft nicht möglich sein. Zusätzlich würde eine solche Ausschreibung zu einem Detail-Pauschalvertrag führen.

3.1.5.3 Regievertrag (Stundenlohnvertrag)

Die Vergütung erfolgt aufgrund vereinbarter Sätze für den tatsächlichen Aufwand an Personal- und Maschinenstunden sowie Material. (Ein Vertrag kann sowohl ausschließlich Regiearbeiten umfassen als auch Regiearbeiten (angehängte) in Kombination mit anderen Vergütungssystemen.)

4 Vergabeunterlagen

Nachdem das Unternehmen sich um die Beteiligung an einer Öffentlichen Ausschreibung beworben hat, veranlasst der ÖAG, dass die Vergabeunterlagen an den Unternehmer versandt werden. Alternativ erhält der Unternehmer die Unterlagen dadurch, dass er sich diese von einem Internetportal herunterlädt. Mit dem Zugang der Vergabeunterlagen wird das Unternehmen zum Bewerber. Das Verfahren, das sich der Unternehmer im weiteren unterwirft, ist sehr formell und **kleine Fehler können bereits zur Nichtberücksichtigung** seines Angebotes führen.

4.1 Vergabehandbuch

Das Bundesministerium für Raumordnung, Bauwesen und Städtebau gibt das Vergabehandbuch (VHB) für die Durchführung von Bauaufgaben des Bundes im Zuständigkeitsbereich der Finanzbauverwaltungen heraus.[100] Dieses Loseblattwerk stellt alle einschlägigen Richtlinien, Weisungen, Verdingungsmuster und Formblätter im Interesse eines einheitlichen Verfahrens zusammen.[101] Der Teil 1 enthält die Richtlinien zur Vorbereitung der Vergabe. Im Teil 2 sind die Formblätter für die Vergabeunterlagen zusammengestellt. Hierin sind auch die Bewerbungs- und Vertragsbedingungen enthalten. Der Teil 3 enthält die Formblätter zur Durchführung der Vergabe. Allgemeine Vorschriften zur Bauausführung sind ab Teil 4 gesammelt.

Der BGH[102] hat dem VHB und den darin enthaltenen Richtlinien und Vorgaben die Qualität einer Verwaltungsvorschrift zugewiesen, die zwar zur Selbstbindung der Verwaltung, nicht aber dazu führen könne, Rechtssätze abzuändern. In der Literatur wurden die Unterlagen als Allgemeine Geschäftsbedingungen (AGB) eingeordnet, was zur Ungültigkeit solcher Unterlagen führen könnte. Das bedeutet, dass anderslautende juristische Entscheidungen immer Vorrang haben.

Das VHB kann unter http://www.bmvbs.de/SharedDocs/DE/Artikel/B/vergabe-und-vertragshandbuch-fuer-die-baumassnahmen-des-bundes-vhb-2008.html eingesehen und heruntergeladen werden.

Nachfolgende Beispiele der unterschiedlichen Regelungen verdeutlichen dies:

- In Nordrhein-Westfalen wird teilweise ein Pendant zum VHB benutzt, dass Kommunale Vergabehandbuch für Bauleistungen – KVHB-Bau.
- In Niedersachsen wurde den ÖAGn empfohlen, sich an den Vorgaben des VHB zu orientieren.
- In Baden-Württemberg wird ein KVHB angewandt bzw. nutzt die Staatliche Vermögens- und Hochbauverwaltung Baden-Württemberg das VHB-Bund, das durch Regelungen des

---

[100] Verlag und Vertrieb: Deutscher Bundes-Verlag, GmbH, Bonn, Südstraße 119, 53175 Bonn oder www.bmvbs.de

[101] Vergabe- und Vertragshandbuch für Baumaßnahmen des Bundes (VHB), VHB 2008 -Mit Erlass des BMVBS vom 2. Juni 2008 wurde das Vergabehandbuch 2008 zum 1. Juli 2008 für den Bundeshochbau eingeführt.

[102] „...weil es sich ... lediglich um Verwaltungsvorschriften handelt.": BGH, Urteil vom 8. 9. 1998 - X ZR 48-97 | NJW 1998 Heft 49 3636

Landes Baden-Württemberg modifiziert und durch Hinweise zum Vergabe- und Vertrags-
recht aktualisiert wurde.

- In Bayern wird den Kommunen empfohlen, das in der Bayerischen Staatsbauverwaltung
  eingeführte Vergabehandbuch für die Durchführung von Baumaßnahmen durch Behörden
  des Freistaates Bayern (VHB Bayern) zu verwenden.[103]
- Per Verwaltungsvorschrift des Ministeriums für Wirtschaft, Arbeit und Tourismus[104] wurde
  die Anwendung des VHB Bund in Mecklenburg-Vorpommern vorgeschrieben.

TIPP	*Viele andere ÖAG haben eigene Lösungen oder nutzen die von externen Planern. Somit wird der Bieter ein breites Sammelsurium von Vertragstexten finden, die jedoch alle nach denselben Kriterien zu bewerten sind.*

---

[103] Bekanntmachung des Bayer. Staatsministeriums des Innern vom 14.10.2005 zur "Vergabe von Aufträgen im kommunalen Bereich"

[104] Vom 15. Dezember 2008 - V 120-611-20-08.09.02/002 -

211

(Aufforderung zur Abgabe eines Angebots)

Vergabestelle

Datum der Versendung

| Maßnahmennummer |
| Vergabenummer |

Deutschland
Tel.   Fax

Vergabeart

☐ Öffentliche Ausschreibung
☐ Beschränkte Ausschreibung
☐ Freihändige Vergabe
☐ Internationale NATO-Ausschreibung

Eröffnungs-/Einreichungstermin

| Datum | Uhrzeit |

Ort Anschrift wie oben

| Raum | Telefon |

Deutschland

Zuschlagsfrist endet am

Aufforderung zur Abgabe eines Angebots

Baumaßnahme

_____

Leistung

_____

Anlagen

A)   die beim Bieter verbleiben
☒   212   Bewerbungsbedingungen
☒   215   Zusätzliche Vertragsbedingungen
☐   232   Vereinbarung Tariftreue zwischen AN und NU
☐   245   Datenträger Angebotsanforderung
☐   _____   Stück Pläne/Zeichnungen Nr. _____
☐   _____
☐   _____

B)   die immer 1-fach zurück zu geben sind
☒   213   Angebotsschreiben   2-fach
☒   214   Besondere Vertragsbedingungen   2-fach
☐   225   Stoffpreisgleitklausel Stahl   2-fach
☐   231   Vereinbarung Tariftreue   2-fach
☐   241   Abfall   2-fach
☐   242   Wartung   2-fach
☐   243   Instandhaltung   2-fach
☐   244   Datenverarbeitung   2-fach
☐   _____   2-fach
☐   247   Verschlusssachenvergaben   2-fach
☐   248   Erklärung zur Verwendung von Holzprodukten   2-fach
☐   _____   2-fach
☒   _____   Leistungsbeschreibung   2-fach
☐   _____   2-fach
☐   _____   Stück Pläne/Zeichnungen Nr. _____   2-fach
☐   _____   2-fach
☐   _____   2-fach
☐   _____   2-fach

© VHB - Bund - Ausgabe 2008 – Stand August 2011   Seite 1 von 3

Bild 4-1   VHB Formblatt 211

4.2 Fristen

4.2.1 Ausschreibungsfristen

In der VOB/A sind zu nationalen Vergaben keine Fristen festgehalten, die dem ÖAG bei der Definition einer realisierbaren Terminkette hilfreich sind. Doch muss er zur Schaffung der erforderlichen – in § 12 VOB/A geforderte – Veröffentlichungspflicht für Vergabeverfahren angemessene Fristen definieren. Andernfalls ist nicht sichergestellt, dass ein weitverbreiteter Vergabewettbewerb initiiert wird.[105]

Die Angemessenheit wird dadurch geprägt, dass ein möglicher Bewerber/Unternehmer von der Vergabeabsicht erfahren muss. Wird die Vergabeabsicht in Medien veröffentlicht, die nur wöchentlich erscheinen, so wird der Bewerber im ungünstigsten Fall erst nach sechs Tagen hiervon Kenntnis erlagen.

Hat der Unternehmer nun den Beschaffungswunsch zur Kenntnis genommen, so muss er überprüfen, ob er diese Leistungen ggf. mit Hilfe von Nachunternehmern ausführen kann. Hierzu sollte ihm eine angemessene Frist von ca. fünf Arbeitstagen zugestanden werden.

Insofern wird eine Frist von 14 Kalendertagen zwischen Bekanntmachung und Beginn des Versands der Vergabeunterlagen als Mindestfrist zu bezeichnen sein.

Um dem Bewerber die Mindestbearbeitungszeit für sein Angebot gemäß § 10 Abs. 1 VOB/A zu ermöglichen, sind die in der Norm definierten 10 Kalendertage anzusetzen. Nach Differenzierung der Ausschreibungsarten öffentlich oder beschränkt ergeben sich unterschiedliche Definitionen des Beginns. Bei der Öffentlichen Ausschreibung sollte die Frist mit dem Tag nach Absendung der Bekanntmachung beginnen.[106] Damit war klar, dass der Bewerber oftmals mit 10 Tagen keine ausreichende Zeit zur ordentlichen Kalkulation haben wird. Deshalb ist nach heutigen Erkenntnissen davon auszugehen, dass die Frist erst dann beginnt, wenn der ÖAG nicht mehr ohne Weiteres von seinen Vergabeunterlagen abweichen kann.[107]

Insofern sollte der ÖAG in der Bekanntmachung einen letzten Tag definiert haben, bis zu dem noch Angebote versendet werden. Damit wäre ein eindeutiger Beginntermin definiert, der sich tatsächlich auf die Bearbeitung der Angebote bezieht.

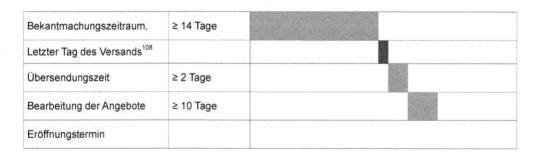

Bekantmachungszeitraum,	≥ 14 Tage				
Letzter Tag des Versands[108]					
Übersendungszeit	≥ 2 Tage				
Bearbeitung der Angebote	≥ 10 Tage				
Eröffnungstermin					

---

[105] Kratzenberg in I/K 14. Aufl. § 17 VOB/A Rdn. 1

[106] Planker in K/M, § 18 Rdn. 4

[107] VK Sachsen, Beschluss vom 11.12.2009 – 1/SVK/054-09 | IBRRS 73281

[108] Bei öffentlichen Ausschreibungen, bei beschränkter Ausschreibung Versand an alle Bewerber am selben Tag.

Durch diese Ermessensregel haben Unternehmer, die frühzeitig um Zusendung der Vergabeunterlagen gebeten haben, eine längere Bearbeitungsfrist.

Werden bei einem Eröffnungstermin einer Öffentlichen Ausschreibung nur sehr wenige Angebote abgegeben und wurden zuvor viele Angebote angefordert, so kann dies ein deutliches Indiz dafür sein, dass die Fristen zu kurz bemessen waren.

Für die Beschränkte Ausschreibung gilt das Gebot des § 11 Abs. 4 Nr. 2 VOB/A, dass die Vergabeunterlagen am selben Tag abzusenden sind.

Die Mindestfrist von 10 Kalendertagen ist jedoch keinesfalls ausreichend bei einer Ausschreibung mit Leistungsprogramm. Hier sind unbedingt wesentlich großzügigere Bearbeitungsfristen zu berücksichtigen.

4.2.2 Ausführungsfristen

Der Bieter hat nach § 9 Abs. 1 Nr. 1 VOB/A Anspruch darauf, dass die Ausführungsfristen ausreichend zu bemessen sind.[109] Dabei sind Jahreszeit, Arbeitsbedingungen und etwaige besondere Schwierigkeiten des Bauvorhabens inkl. der Rahmenbedingungen zu berücksichtigen.

Möchte der ÖAG vereinbaren, dass mit der Ausführung gemäß § 5 Abs. 2 VOB/B erst nach Aufforderung begonnen wird, so muss die Frist, innerhalb derer die Aufforderung ausgesprochen werden kann, nach objektiven Bemessungskriterien zumutbar sein. So wird der Tischler, der Einrichtungsgegenstände einbauen muss, einen längeren Vorlauf benötigen als der Estrichleger.

Dass sich aufgrund der Terminverschiebung andere Kalkulationsgrundlagen ergeben können, die den Preis, zumindest theoretisch, ändern, ist nicht klar zu beantworten. Zu einem wird vertreten, dass die Verzögerung der Arbeitsausführung den dem Angebot zugrunde liegenden Ausführungsfristen im Sinne einer Komplettverschiebung hinzuzurechnen ist und diese auf den angebotenen Preis grundsätzlich keinen Einfluss hat.[110] In dem anderen Fall wird argumentiert, dass eine Angebotsmodifizierung, eben im Sinne der Terminverschiebung, sich in erheblichen Umfang auswirken kann, sodass die Kalkulationsgrundlage des Preises eine andere ist.[111]

Die Mehrvergütung darf sich jedoch lediglich im Rahmen der „differenzhypothetischen" Mehrkosten (DHM) bewegen.[112]

Eine Terminanpassung kann im Weiteren auch über § 5 und § 6 Abs. 2 und Abs. 4 VOB/B geregelt und muss somit nicht vor Baubeginn oder Zuschlagserteilung durchgeführt werden.

Die Veränderung der Ausführungsfristen im Zuge eines Aufklärungsgespräches i. S. d. § 15 Abs. 1 VOB/A ist unstatthaft, da sie eine Benachteiligung der Bewerber und weiterer Bieter – auch der Bieter, die nicht in die engere Wahl kamen – nach sich ziehen würde.

---

[109] OLG Düsseldorf, B. v. 28.2.2002 - Az.: Verg 37/01, B. v. 28.2.2002 - Az.: Verg 40/01; KG Berlin, B. v. 5.1.2000 - Az.: Kart Verg 11/99; 1. VK Bund, B. v. 15.9.1999 - Az.: VK 1-19/99

[110] Thüringer OLG, B. v. 28.6.2000 - Az.: 6 Verg 2/00

[111] BayObLG, B. v. 15.7.2002 - Az.: Verg 15/02

[112] Siehe auch Ziff. 6.3.1

Gibt der ÖAG in den Vergabeunterlagen keine Frist an, so muss sich der erstrangige Bieter nicht darauf einlassen. Denn wenn die nach Zuschlagserteilung vom ÖAG geforderten Fristen zu kurz bemessen sind, gelten diese als unzumutbar, und der Auftragnehmer kann den Auftrag somit nicht ausführen.

Dieser könnte von dem ÖAG Schadenersatz aus dem Gesichtspunkt des Verschuldens bei den Vertragsverhandlungen verlangen.[113]

4.2.3 Vertragsstrafen und Beschleunigungsvergütungen

§ 9 Abs. 5 VOB/A befasst sich mit Vertragsstrafen, deren ausführliche Regelung unter § 11 VOB/B und gesetzlich in §§ 339 bis 345 BGB definiert ist. Eine Vertragsstrafe darf der ÖAG nur in den Vergabeunterlagen vorsehen und im Fall des Zuschlags mit dem AN vereinbaren, wenn die Überschreitung der Ausführungsfristen erhebliche Nachteile verursachen würde. An diese Vorgabe hat sich der ÖAG zwingend zu halten.

Die Überschreitung des Fertigstellungstermins zum Ende der Ferien bei der Sanierung der Fenster einer Schule würde für den ÖAG erhebliche Nachteile verursachen. Die nicht fristgerecht fertiggestellte Renaturierung eines Bachlaufes verursacht dagegen i. d. R. keinen erheblichen Nachteil.

Hat der Bewerber den Eindruck, dass die Vertragsstrafe nicht im Sinne der VOB/A vorgesehen ist, so muss er dies vor Angebotsabgabe beim ÖAG rügen. Ansonsten hat er sich mit der späteren Zuschlagserteilung auf diese unnötigen Fristen eingelassen und ist daran gebunden.

Ignoriert der ÖAG diese Normierung, so führt diese – wie meist – zu keiner juristischen Konsequenz, denn wie auch die anderen Bestimmungen der VOB/A ist diese Vorgabe bei nationalen Verfahren nur eine innerdienstliche Verwaltungsvorschrift. Dies hat zur Folge, dass die Vertragsstrafenvereinbarung auch nach Zuschlagserteilung bestehen bleibt.[114] Bei EU-Ausschreibungen schützt diese Vorschrift den Bieter.[115]

Führt die Fristüberschreitung zu erheblichen Nachteilen, dann muss die Strafe gemäß § 9 Abs. Satz 2 VOB/A in angemessenen Grenzen gehalten werden. Eine unangemessen hohe Vertragsstrafe führt, nach Werkvertragsrecht, zur Nichtigkeit der Vertragsklausel. Eine Verringerung der Vertragsstrafe, im Nachhinein darf nicht stattfinden, es sei denn, dass diese Änderung allen Bewerbern vor dem Eröffnungstermin mitgeteilt wurde.[116]

Die Höhe ist nach ständiger Rechtsprechung in engem Rahmen gehalten. So darf die Obergrenze für die Vertragsstrafe nicht mehr als 5 % der gesamten Brutto-Abrechnungssumme

---

[113] OLG München, Urteil vom 6.7.1993 - Az: 13 U 6930/92
[114] BGH, Urteil vom 30.03.2006 - VII ZR 44/05 | IBR 2006 Heft 7 385
[115] Weyand, § 12 VOB/A Rdn. 4492/1
[116] BGH, Urteil vom 23.1.2003 - Az.: VII ZR 210/01

ausmachen. Der Vertragsstrafenwert für die kalendermäßige Überschreitung liegt zwischen 0,2 % je Arbeitstag und 0,3 % je Kalendertag bei längerfristigen[117] Aufträgen.[118]

Für das Gegenteil einer Vertragsstrafe, nämlich die Beschleunigungsvergütung, gilt eine Regelumkehr. Der ÖAG darf sich hierzu nur dann verpflichten, wenn die Unterschreitung vereinbarter Vertragsfristen erhebliche Vorteile bringt. Anders als bei der Vertragsstrafe ist bei der Beschleunigungsvergütung in § 9 Abs. 5 VOB/A allerdings nichts zur zulässigen Höhe einer solchen Beschleunigungsvergütung geregelt. Regelungen zur Beschleunigungsvergütung fehlen auch in der VOB/B. Zudem wird von dieser Möglichkeit i. d. R. vom ÖAG kein Gebrauch gemacht.

4.2.4 Verjährung der Mängelansprüche

Mit der VOB 2002 sind die Verjährungsfristen des § 13 Abs. 4 VOB/B neu geregelt worden:

- Ist für Mängelansprüche keine Verjährungsfrist im Vertrag vereinbart, so beträgt sie für Bauwerke 4 Jahre, für Arbeiten an einem Grundstück und für die vom Feuer berührten Teile von Feuerungsanlagen 2 Jahre.
- Bei maschinellen und elektrotechnischen/elektronischen Anlagen oder Teilen davon, bei denen die Wartung Einfluss auf die Sicherheit und Funktionsfähigkeit hat, beträgt die Verjährungsfrist für Mängelansprüche 2 Jahre, wenn der Auftraggeber sich dafür entschieden hat, dem Auftragnehmer die Wartung für die Dauer der Verjährungsfrist nicht zu übertragen.

Nach einschlägiger Rechtsprechung ist eine Verlängerung der Frist möglich. Die Klausel, *„für die Gewährleistung gilt § 13 VOB/B, jedoch beträgt die Verjährungsfrist in Abänderung von Satz 4 generell fünf Jahre"* hält der Inhaltskontrolle nach dem BGB (vorher AGB-Gesetz) stand.[119] Denn die VOB/B sieht deren Firsten nur für den Fall vor, dass nichts anderes geregelt wurde.

Einer Verlängerung der Gewährleistungsfrist auf mehr als fünf Jahre wurde höchstrichterlich nur zugestimmt bei dem Bau von Flachdächern.[120] Bei Flachdacharbeiten hat der Auftraggeber ein erhöhtes Bedürfnis an einer ausreichenden Bemessung der Verjährungsfrist und weil Ausführungsmängel wie auch Planungsmängel, dies belegen Untersuchungen, an Flachdächern häufig vorkommen und erfahrungsgemäß oft erst später als fünf Jahre nach der Abnahme auftreten. Im Rahmen neuerer Urteile wurde diskutiert, ob diese Regelung auch noch Bestand hat, wenn die VOB/B nicht als Ganzes vereinbart wurde.[121]

---

[117] mehr als 6 Wochen.

[118] Becker in BeckOK BGB § 309 Nr. 6 V. | Ed. 18 - August 2010

[119] BGH, Urteil vom 23.2.1989, Az: VII ZR 89/87; OLG Düsseldorf, Urteil vom 7.6.1994 - Az: 21 U 90/92

[120] BGH, Urteil vom 9.5.1996 - Az: VII ZR 259/94; OLG Köln, Urteil vom 29.4.1988 - Az: 19 U 298/87 - für eine Verlängerung auf sieben Jahre

[121] Rudolf Weyand, Vergaberecht, § 13 VOB/A, Rdn. 4529

4.2.5 Sicherheitsleistung

Die Forderung einer Bürgschaft zur Mängelabsicherung ist legitim und darf nur nicht durch eine selbstschuldnerische Bürgschaft und eine Bürgschaft auf erstes Anfordern gesichert werden.

Die Forderung einer Bürgschaft für den Fall der Insolvenz verstößt jedoch gegen § 9 Abs. 7 VOB/A. Die Regelung ist ausdrücklich als Ausnahmevorschrift gestaltet und soll nicht den Fall absichern, dass bei Ausfall des Vertragspartners für den ÖAG ohne Weiteres die Möglichkeit der Ersatzbeschaffung besteht und der Auftraggeber allein höhere Ausgaben für die Ersatzvornahme durch die Sicherheitsleistung absichern will und der drohende Schaden selbst begrenzbar ist. Sicherheitsleistungen werden typischerweise in den Fällen gefordert, in denen der Auftraggeber ein Bedürfnis hat, die ordnungsgemäße Leistung als solche abzusichern, insbesondere bei bereits bezahlten Leistungen. Die drohende Insolvenz des Auftragnehmers ist schließlich eine Frage seiner finanziellen Leistungsfähigkeit. Selbst wenn es zutrifft, dass in einem Bereich der Bauwirtschaft zahlreiche Insolvenzen zu verzeichnen sind, so kann der ÖAG dem durch Festlegung besonderer Eignungsvoraussetzungen Rechnung tragen.[122]

Mit der 2009er Novellierung der VOB/A wurde nun definiert, dass bei Auftragssummen unter 250 000 € ohne Umsatzsteuer, auf Sicherheitsleistung für die Vertragserfüllung und i. d. R. auf Sicherheitsleistung für die Mängelansprüche zu verzichten ist. Bei Beschränkten Ausschreibungen oder Freihändigen Vergaben hatte der ÖAG bereits vor der letzten Novellierung auf diese Sicherheitsleistungen verzichten müssen.

Verlangt der ÖAG bei Beschränkten Ausschreibungen oder Freihändigen Vergaben eine Sicherheitsleistung, so kann der Bewerber hierzu eine Erklärung von ihm vor Angebotsabgabe erbitten.

4.3 Anforderung und Versand

Eine ordnungsgemäße „Anforderung" der Vergabeunterlagen liegt nur vor, wenn sie nach der Bekanntmachung der Ausschreibung erfolgt. Das gesamte Verfahren ist mit seinen Bestimmungen über die Bekanntmachung, Aufforderung zur Angebotsabgabe sowie die einzuhaltenden Formen und Fristen auf einen Startpunkt gerichtet, ab dem die Bewerber unter gleichen Wettbewerbsbedingungen um den Auftrag konkurrieren. Erst mit der Bekanntmachung wird der zu vergebende Auftrag in seiner konkreten Gestalt mit Außenwirkung festgelegt und für die Unternehmen ersichtlich. Es ist dem ÖAG nicht zuzumuten – und wäre unter den Gesichtspunkten von Gleichbehandlung und Transparenz des Verfahrens auch bedenklich –, wenn Unternehmen aufgrund früherer Interessenbekundung eine gleichsam „automatische" Zusendung der Vergabeunterlagen erwarten könnten. Umgekehrt ist auch denjenigen Unternehmen, die aufgrund bestehender Vertragsbeziehung mit dem ÖAG schon vorher von der beabsichtigten Ausschreibung wissen, eine Anforderung der Vergabeunterlagen nach Erscheinen der Bekanntmachung ohne Weiteres zumutbar. Im Ergebnis hat der ÖAG die Vergabeunterlagen daher an alle diejenigen Unternehmen auszuhändigen, die nach der Bekanntma-

---

[122] 3. VK Bund, B. v. 09.01.2008 - Az.: VK 3-145/07

chung ihr Interesse bekunden, wenn sie sich gemäß § 6 Abs. 2 Nr. 1 VOB/A gewerbsmäßig mit der Ausführung von Leistungen der ausgeschriebenen Art befassen.

Dass die Leistungsbeschreibung doppelt versandt werden soll, wurde mit der 2009er Novellierung abgeschafft. Damit wird der gängigen Praxis Rechnung getragen, dass selbst bei Ausgaben des LV in Papierform später digitale Daten von den Unternehmern angefordert werden.

Anforderung der Vergabeunterlagen

Sehr geehrte Damen und Herren,

aus Ihrer Bekanntmachung vom _____ in _____ haben wir erfahren, dass Sie die Leistungen _____ zum Objekt _____ ausschreiben werden.

Da wir uns gewerbsmäßig i. S. d. § 6 Abs. 2 Nr. 1 VOB/A mit der Ausführung solcher Leistungen befassen, bitten wir um Zusendung der Unterlagen. Das Entgelt für die Unterlagen haben wir bereits, mit Betreff „_____", auf Ihr Konto überwiesen.

Mit freundlichen Grüßen

Bewerber

Bild 4-2   Mustertext 4: Anforderung der Unterlagen

4.4   Elemente der Vergabeunterlagen

Die Vergabeunterlagen bestehen gemäß § 8 Abs. 1 Nr. 1 und 2 VOB/A aus

- dem Anschreiben (Aufforderung zur Angebotsabgabe),
- gegebenenfalls Bewerbungsbedingungen und
- den Vertragsunterlagen.

Da die Vertragsunterlagen der Veröffentlichung nachfolgen und die wesentlich detaillierte Befassung mit dem Ausschreibungsgegenstand des ÖAG darstellen als die Bekanntmachung, die lediglich eine zusammenfassende Darstellung enthält, ist es sachgerecht und herrschende Praxis, den Vertragsunterlagen den Vorrang zu geben.

Die Vertragsunterlagen (früher Verdingungsunterlagen) legen fest, was Bestandteil des Vertrages wird. Damit werden diese mit Auftragserteilung zu Vertragsdokumenten.

Die Vertragsunterlagen bestehen (entsprechend der Definition des § 8 Abs. 1 Nr. 2 VOB/A) aus der

- Leistungsbeschreibung (§ 7 VOB/A) sowie
- allen sonstigen Vertragsbedingungen (§ 8 Abs. 3 bis 6 VOB/A).

In den Vergabeunterlagen wird vorgeschrieben, dass die VOB Teil B und C Bestandteile des Vertrages werden (§ 8 Abs. 3 VOB/B). Sie müssen dem Vertrag jedoch nicht beigefügt werden.

Die sonstigen Vertragsunterlagen nach § 8 Abs. 4 bis 6 VOB/A, sowie ggf. ergänzenden Verwaltungsvorschriften, sind

- die zusätzlichen Vergabeunterlagen, deren Verwendung zwar nicht nach § 8 VOB/A vorgeschrieben ist, deren Verwendung jedoch zulässig und ggf. aufgrund sonstiger Vergabevorschriften für die Vergabestelle verpflichtend ist;
- Besondere Vertragsbedingungen (BVB);
- Weitere Besondere Vertragsbedingungen (WBVB);
- Zusätzliche Vertragsbedingungen (ZVB);
- Zusätzliche Technische Vertragsbedingungen (ZTV);
- sonstige Einheitliche Verdingungsmuster (EVM);
- Einheitliche Formblätter (EFB).

In den BVB und ZVB sollen, soweit erforderlich, nachfolgende Punkte geregelt werden:

I. Unterlagen (§ 8 Abs. 9; § 3 Abs. 5 und 6 VOB/B),

II. Benutzung von Lager- und Arbeitsplätzen, Zufahrtswegen, Anschlussgleisen, Wasser- und Energieanschlüssen (§ 4 Abs. 4 VOB/B),

III. Weitervergabe an Nachunternehmen (§ 4 Abs. 8 VOB/B),

IV. Ausführungsfristen (§ 9 Abs. 1 bis 4; § 5 VOB/B),

V. Haftung (§ 10 Abs. 2 VOB/B),

VI. Vertragsstrafen und Beschleunigungsvergütungen (§ 9 Abs. 5; § 11 VOB/B),

VII. Abnahme (§ 12 VOB/B),

VIII. Vertragsart (§ 4), Abrechnung (§ 14 VOB/B),

IX. Stundenlohnarbeiten (§ 15 VOB/B),

X. Zahlungen, Vorauszahlungen (§ 16 VOB/B),

XI. Sicherheitsleistung (§ 9 Absätze 7 und 8; § 17 VOB/B),

XII. Gerichtsstand (§ 18 Absatz 1 VOB/B),

XIII. Lohn- und Gehaltsnebenkosten,

XIV. Änderung der Vertragspreise (§ 9 Absatz 9).

Die Einbeziehung der vorstehenden Vertragsbedingungen in den Vertrag erfolgt – mit Ausnahme der ZTV – durch Beifügung der betreffenden Texte zu den Vergabeunterlagen. Obwohl es sich hierbei nicht um notwendige Vertragsbedingungen nach § 8 VOB/A handelt, kann sich für den ÖAG die Verpflichtung zu deren Einbeziehung aus sonstigen Vorschriften, insbesondere den einschlägigen Verwaltungsvorschriften (z. B. Vergabehandbüchern von Bund, Ländern und kommunalen Gebietskörperschaften), ergeben.

Bezüglich des Vorrangs der Unterlagen kann festgestellt werden, dass es keinen grundsätzlichen Vorrang der Leistungsbeschreibung vor den Vorbemerkungen gibt. Die Vorbemerkungen sind jedoch für viele Leistungen von wesentlicher Bedeutung, da diese Angaben enthalten, die zum Verständnis der Bauaufgabe und zur Preisermittlung erforderlich sind.

4.5 Leistungsbeschreibung

Um das Vertragsrisiko zu minimieren und eine Qualitäts- und Kostensicherheit zu erzielen, sollte die Bauleistung nach folgenden Grundsätzen beschrieben werden:[123]

- **V**ollständig – erschöpfend den Leistungsumfang beschreiben

- **E**indeutig – AG und AN (Bieter) verstehen sie im gleichen Sinne

- **N**eutral – Grundlage des Wettbewerbes

- **T**echnisch richtig – anerkannte Regeln der Technik, z. B. nach DIN

- **O**bjektindividuell – passgenau zur Baustelle und zur baulichen Anlage

Dies ist die Theorie. Baurechtlich formuliert in § 7 VOB/A kann eine Leistungsbeschreibung in zwei Formen erfolgen. Einmal als klassische Leistungsbeschreibung mit Leistungsverzeichnis und mit Leistungsprogramm, oft auch als funktionale Leistungsbeschreibung oder Funktionalausschreibung bezeichnet.[124] Da die ursprüngliche Normierung für Leistungsverzeichnisse geschaffen wurde, passen diese nur eingeschränkt für die funktionale Leistungsbeschreibung. Wenn etwa § 7 Abs. 1 Nr. 3 VOB/A anordnet, dass dem AN kein ungewöhnliches Wagnis aufgebürdet werden dürfe, so passt dies auf die Leistungsbeschreibung mit Leistungsprogramm nicht, weil es hier Sache des Auftragnehmers ist, die erforderliche Leistung zu planen und damit die Wagnisse abzuschätzen. Damit ist auch das Ziel der Leistungsschreibung, den Bietern eine klare Kalkulationsgrundlage zu liefern, gestört. Somit kann eine unzutreffende Leistungsbeschreibung insoweit Bieterrechte verletzen.[125]

Eine Leistungsbeschreibung zeichnet sich dadurch aus, dass der Inhalt individuell aufgestellte Regelungen definiert. Diese Regeln zielen ab auf die Bauausführung, die Verwendung und den Einbau von Materialien und Stoffen. Der Bieter kalkuliert somit nur das, was offensichtlich beschrieben wurde.

Die Leistung soll in der Regel durch eine allgemeine Darstellung der Bauaufgabe (Baubeschreibung i. S. d. VOB/C) und ein in Teilleistungen gegliedertes Leistungsverzeichnis beschrieben werden.

Die Leistungsbeschreibung muss so aufgebaut sein, dass die Bewerber, die mit der geforderten Leistung in technischer Hinsicht vertraut sind, den Inhalt verstehen können.[126] Bei der Frage, wie ein Leistungsverzeichnis zu verstehen ist, darf der Bewerber nicht einfach von der günstigsten Auslegungsmöglichkeit ausgehen und unterstellen, nur diese könne gemeint sein. Er muss sich stattdessen fragen, was der ÖAG auch wirklich gewollt hat. Wenn ihm bei dieser Überlegung Zweifel kommen, ob seine Auslegung tatsächlich dem Willen des ÖAG entspricht, muss er diesen um Aufklärung bitten.[127]

---

[123] Die Bau- und Leistungsbeschreibung - Grundsätze a'la VENTO Der italienische Begriff Vento bedeutet Windstärke

[124] VK Saarland, B. v. 27.05.2005 - Az.: 3 VK 2/2005

[125] VK Südbayern, B. v. 08.06.2006 - Az.: 14-05/06; VK Baden-Württemberg, B. v. 26.07.2005 - Az.: 1 VK 39/05; 1. VK Bund, B. v. 6.3.2002 - Az.: VK 1-05/02; Saarländisches OLG, B. v. 23.11.2005 - Az.: 1 Verg 3/05; B. v. 29.09.2004 - Az.: 1 Verg 6/04; VK Hamburg, B. v. 30.07.2007 - Az.: VgK FB 6/07; 1. VK Brandenburg, B. v. 18.01.2007 - Az.: 1 VK 41/06 für den vergleichbaren § 8 Nr. 1 VOL/A; 2. VK Bund, B. v. 16.02.2004 - Az.: VK 2-22/04

[126] Weyand, ibr-online-Kommentar Vergaberecht, Stand 10.08.2007, § 9 VOB/A, Rz. 4075

[127] Zuletzt OLG Brandenburg, B. v. 04.03.2008 - Az.: Verg W 3/08;

Im Zweifel gilt, nicht vermuten, sondern anfragen. Denn dem späteren AN wird es schwerfallen, seine Zweifel in ein Nachtragsbegehren umzuwandeln.

Soweit die textliche Leistungsbeschreibung über eine wesentliche Eigenschaft eines zu liefernden Produkts keine ausreichend differenzierte Aussage trifft, ist im Zweifel auf die entsprechende Produkteigenschaft eines evtl. vorgegebenen Leitfabrikats zurückzugreifen.[128]

Gemäß der Normierung in § 7 Abs. 1 Nr. 1 VOB/A muss die Beschreibung so eindeutig und erschöpfend beschrieben sein, dass der Bieter die geforderte Leistung nach Art und Umfang eindeutig erkennen können muss. Dieses ist so gefordert, damit die exakte Preisermittlung möglich wird und die Vergleichbarkeit der Angebote gewährleistet ist. Leistungsbeschreibungen sind also derart klar und eindeutig abzufassen, dass alle Bewerber sie in gleichem Sinn verstehen können.[129] Dieses wird nicht gewährleistet, wenn die Leistungsbeschreibung Angaben lediglich allgemeiner Natur enthält oder verschiedene Auslegungsmöglichkeiten zulässt oder Zweifelsfragen aufkommen lässt. Für den ÖAG gilt somit der Grundsatz: je detaillierter, desto besser.[130]

Enthält das Leistungsverzeichnis eine unerfüllbare Forderung oder Mängel, muss der ÖAG die Vergabe entweder gemäß § 17 Abs. 1 VOB/A aufheben oder das Leistungsprogramm ändern und allen Bewerbern angemessene Gelegenheit und Zeit zur Überarbeitung der noch nicht abgegebenen Angebote auf der Basis des veränderten Leistungsprogramms geben.[131] Das gilt gleichermaßen, wenn bestimmte Nachweise über die Beschaffenheit der angebotenen Leistung verlangt werden, aber nicht rechtzeitig beigebracht werden können.

Dem späteren AN darf kein ungewöhnliches Wagnis aufgebürdet werden für Umstände und Ereignisse, auf die er keinen Einfluss hat und deren Auswirkung auf Preise und Fristen nicht im Voraus abzuschätzen sind. Die Übertragung eines ungewöhnlichen Wagnisses liegt vor, wenn dem AN Risiken aufgebürdet werden sollen, die er nach üblicherweise geltender Wagnisverteilung an sich nicht zu tragen hat. Zu derartigen Umständen und Ereignissen können beispielsweise Beistellungen, Leistungen vorgeschriebener Sub-Auftragnehmer, Ersatzteilbedarf und Wartungsaufwand in der Nutzungsphase sowie andere Leistungsziele zählen. Zu einem ungewöhnlichem Wagnis wird aber auch in diesen Fällen das dem Auftragnehmer auferlegte Risiko erst dann, wenn es darüber hinaus nach Art der Vertragsgestaltung und nach dem allgemein geplanten Ablauf nicht zu erwarten ist und im Einzelfall wirtschaftlich schwerwiegende Folgen für den AN mit sich bringen kann. Mit diesen Wagnissen meint die Normierung nicht solche, die zu allgemeinen Bauwagnissen noch besondere Wagnisse, die mit einer bestimmten Bauausführung oder einem Teil derselben ursächlich verbunden sind. Auch als nicht „ungewöhnlich" i. S. des § 7 Abs. 1 Nr. 3 VOB/A sind i. d. R. solche Wagnisse und Risiken, auf die der ÖAG ausdrücklich hinweist, sodass der Bieter sich entscheiden kann, ob er sie übernehmen möchte.[132]

---

[128] OLG Naumburg, B. v. 08.02.2005 - Az.: 1 Verg 20/04

[129] OLG Düsseldorf, B. v. 2.8.2002 - Az.: Verg 25/02; VK Hamburg, B. v. 30.07.2007 - Az.: VgK FB 6/07; 3. VK Bund, B. v. 29.03.2006 - Az.: VK 3-15/06

[130] OLG Koblenz, B. v. 5.9.2002 - Az.: 1 Verg 2/02

[131] Letztmalig: VK Düsseldorf, B. v. 29.03.2007 - Az.: VK-08/2007-B; B. v. 02.03.2007 - Az.: VK-05/2007-L

[132] OLG Naumburg, Urteil vom 15.12.2005 - Az.: 1 U 5/05

Um eine einwandfreie Preisermittlung zu ermöglichen, sind alle beeinflussenden Umstände festzustellen und in den Vertragsunterlagen anzugeben. In den Regelungen in § 7 VOB/A sind die Abs. 3 bis 8 über technische Spezifikationen enthalten. Diese Regelungen entsprechen der Vorschrift des Art. 23 der Vergabekoordinierungsrichtlinie.

Der ÖAG ist nicht verpflichtet, Leistungen, die er aufgrund eigener Erfahrungen in der Vergangenheit ausgeschrieben und bewertet hat, bei jeder Neuausschreibung abzuändern nur um den bisherigen Anbietern keinen (vermeintlichen) Wettbewerbsvorteil zu eröffnen.[133]

4.5.1 Leistungsverzeichnis

Das Leistungsverzeichnis (LV) beschreibt Teilleistungen eines Auftrages detailliert mittels einer textlichen Beschreibung (ggf. auch Zeichnungen) und der Menge, die ausgeführt werden soll, in einer Position.

Die Teilleistungen werden mit Einheitspreisen (EP) und Gesamtbeträgen (GB) dargestellt. Der Preis einer Position ist das Produkt aus Menge und Einheitspreis. Er wird als Gesamtbetrag (GB) dargestellt. Die Summe aller Gesamtbeträge ist die Leistungsverzeichnissumme. Das LV wird nach Ordnungszahl (OZ) gegliedert. Die OZ ist die genaue Kennzeichnung jeder einzelnen Teilleistung (Position) im Leistungsverzeichnis. Die OZ muss eindeutig und aufsteigend sein.

Leistungsbeschreibungen mit Leistungsverzeichnis differenzieren unterschiedliche Positionsarten.

- **Normalpositionen**, hiermit sind alle Teilleistungen zu beschreiben, die ausgeführt werden sollen. Sie werden nicht besonders gekennzeichnet.
- **Grundpositionen** beschreiben Teilleistungen, die durch „Wahlpositionen" ersetzt werden können. Grund- und Wahlpositionen werden als solche gekennzeichnet; der jeweiligen Ordnungszahl (OZ) können z. B. ein „G" bzw. „W" beigefügt werden.
- **Wahlpositionen** (Alternativpositionen) beschreiben Leistungen, bei denen sich der ÖAG noch nicht sicher ist, ob er diese alternativ zu einer Grundposition ausführen kann.[134] Zur Ausführung dürfen diese grundsätzlich nur anstelle der alternativ im Leistungsverzeichnis aufgeführten Grundposition kommen.[135] Eine Ausschreibung von Leistungspositionen als Grund- und Wahlpositionen ist unzulässig, wenn bei ordnungsgemäßer Vorbereitung der Ausschreibung eine Festlegung auf eine der beiden Alternativen möglich und zumutbar gewesen währe.[136]

Nachfolgende Positionen sollten im LV nicht mehr enthalten sein:

---

[133] 3. VK Bund, B. v. 28.01.2005 - Az.: VK 3-221/04 - für den Bereich der VOL/A

[134] OLG Düsseldorf, B. v. 2.8.2002 - Az.: Verg 25/02; Schleswig-Holsteinisches OLG, Urteil vom 17.2.2000 - Az: 11 U 91/98; VK Arnsberg, B. v. 28.1.2004 - Az.: VK 1-30/2003

[135] OLG München, B. v. 27.01.2006 - Az.: Verg 1/06; VK Nordbayern, B. v. 12.12.2001 - Az.: 320.VK-3194-41/01

[136] OLG Naumburg, B. v. 01.02.2008 - Az.: 1 U 99/07

4.5.1.1 Bedarfspositionen

Nach der aktuellen Fassung des § 7 Abs. 1 Nr. 4 VOB/A dürfen **Bedarfspositionen grundsätzlich nicht** in die Leistungsbeschreibung aufgenommen werden. Diese Entscheidung wird einer fundierten Angebotskalkulation gerecht, denn bei Bedarfspositionen konnten die Baustellengemeinkosten und Allgemeinen Geschäftskosten regelmäßig nicht auf den Einheitspreis verteilt werden. Auch wenn „Grundsatz" juristisch gesehen bedeutet: Regel mit Ausnahmevorbehalt, so hat hier der DVA zur Vermeidung von Wettbewerbsverzehrungen die Regeln verschärft und eben vorgesehen, dass Bedarfspositionen grundsätzlich nicht, also eben nicht ausnahmsweise, vorzusehen sind. Zudem ist nach § 7 Abs. 1 Nr. 1 VOB/A davon auszugehen, dass die Bewerber die Leistungsbeschreibung alle im gleichen Sinne zu verstehen haben. Somit ist von dem – nicht juristischen – normalen Empfängerhorizont auszugehen, der die Strengen eines Vergabeverfahrens und die Konsequenzen kennt, wenn davon abgewichen wird.[137]

Eine Ausnahme von diesem Vergabegrundsatz kann nur unter strengen objektiven Gründen möglich werden. Wird bei einer Gebäudesanierung eine aufwendige Innendämmung als Bedarfsposition vorgesehen, weil keine ausreichenden Untersuchungen der Gebäudesubstanz vorgenommen wurden, so ist ein objektiver Grund nicht gegeben. Damit ist eindeutig klar, dass Bedarfspositionen nicht dazu herangezogen werden dürfen, um Planungsdiskrepanzen auszugleichen.[138]

Mit dem grundsätzlichen Verzicht von Bedarfspositionen ist im Weiteren deutlich gemacht worden, dass es Bedarfspositionen ohne Vordersätze nicht geben darf. Hierzu zählen dann auch die oft verwendeten „1"-Mengen. Denn die Bedarfsposition mit der Menge „1" ist eine Marktabfrage und diese ist nach der Normierung der VOB/A § 2 Abs. 4 VOB/A nicht erlaubt. Denn zusätzliche Leistungen, die nicht im LV enthalten waren, sind nach § 2 Abs. 6 VOB/B zu bepreisen. Der Preis ist dann nach den Grundlagen der Preisermittlung für die vertragliche Leistung (Urkalkulation) und den besonderen Kosten der geforderten Leistung zu ermitteln.

Diese Bestimmung ist deutlich bieterschützend, denn dadurch erhält der Bewerber eine klare Kalkulationsgrundlage. Er kann seine Sekundärkosten auf alle Positionen verteilen, zu denen er einen Auftrag erhalten könnte. Dem Bewerber wird damit eine nach § 7 Abs. 1 Nr. 2 VOB/A geforderte einwandfreie Preisermittlung ermöglicht.

4.5.1.2 Zulagepositionen

Zulagepositionen sind Positionen, bei denen bestimmte Voraussetzungen festgelegt sind, unter denen eine zusätzliche Vergütung gezahlt werden soll. Im Fall einer Zulagenposition wird der Auftrag zur Hauptposition unter der aufschiebenden Bedingung (§ 158 BGB) erteilt, dass die zusätzliche Vergütung bezahlt wird, wenn im Einzelnen vom späteren Auftragnehmer nachgewiesen wird, dass und inwieweit die von der Zulage erfassten Erschwernisse eingetreten sind. Jedoch wurde das Wort Zulage 1988 aus der VOB entfernt. Seither muss jede einzelne Leistung einzeln ausgeschrieben und einzeln mit einem gesonderten Positionspreis versehen werden. Die Kombination zweier separater Leistungspositionen auf der Preisebene, eben durch den Zulagepreis, ist **nicht mehr VOB-konform**.[139]

---

[137] VK Sachsen, „Soll"-Beschluss vom 20.04.2010 – 1/SVK/008-10 | IBR 2010 3179

[138] OLG Saarbrücken, Beschluss vom 13. 11. 2002 - 5 Verg 1/02 | NZBau 2003, 625

[139] Reinders in „Der Maler und Lackierermeister" 4/2008

4.5.2 Leistungsprogramm

Die Besonderheit des Leistungsprogramms besteht darin, dass bei dieser Art von Leistungsbeschreibung nur der Zweck bzw. die Funktion der gewünschten Bauleistung vorgegeben wird. Insofern wird auch von der **Funktionalausschreibung** gesprochen. Die konstruktive Lösung der Bauaufgabe obliegt den Bietern, wodurch diesen ein Spielraum bei der Gestaltung der Leistung einzuräumen ist. Die Ausschreibungstechnik der funktionalen Leistungsbeschreibung ist verbreitet und in Fachkreisen allgemein bekannt. Sie kombiniert einen Wettbewerb, der eine Planung und Konzeptionierung der Leistung verlangt, mit der Vergabe der Ausführung der Leistung. Die Wahl einer funktionalen Leistungsbeschreibung steht im Ermessen des ÖAG.

Es sind dabei eingehende Überlegungen von ihm notwendig, ob die Voraussetzungen für diesen Ausnahmefall vorliegen. Typischerweise ist eine funktionale Ausschreibung im Bereich des „industrialisierten Bauens" zweckmäßig, wenn es sich um Bauten des Massenbedarfs handelt, die mehrfach in der gleichen Ausführung errichtet werden sollen, so z. B. Verbrauchermärkte. Insbesondere ist zu berücksichtigen, dass den Bewerbern im Rahmen der Ausschreibung Planungsleistungen aufgebürdet werden, die erhebliche Kosten für die Erstellung des Angebotes verursachen können.[140] Mit der Zulassung von funktionalen Leistungsbeschreibungen wird praktischen Bedürfnissen im Vergabewesen Rechnung getragen. Bei immer komplexer werdenden Beschaffungsvorgängen ist es dem ÖAG mangels ausreichender Markt- und (ggf.) Fachkenntnis z. T. nicht möglich, den Leistungsgegenstand nach Art, Beschaffenheit und Umfang hinreichend zu beschreiben. In solchen Fällen kann er den Zweck und die Funktion des Beschaffungsvorgangs beschreiben und hinsichtlich der Umsetzung auf die technische Vielfalt der Anbieter vertrauen. Damit werden auch traditionelle Beschaffungsvorgänge modernen Entwicklungen angepasst.

Bei einer Funktionalausschreibung ist der ÖAG jedoch verpflichtet, dem Bieter die entstandenen Kosten gemäß § 8 Abs. 8 VOB/A zumindest anteilig zu erstatten. Diese könnte sich an den Bemessungsregen der HOAI orientieren. Mit dieser Regelung soll der Bieter im Weiteren davor geschützt werden, das Planungsleistungen zum Zeitpunkt der Angebotsbearbeitung auf ihn abgeschoben werden.

4.6 Fragen zur Beschreibung der Leistung

Stellt der Bieter fest, dass nach seiner Auffassung unklare Vergabeunterlagen vorliegen, sodass er nicht einwandfrei kalkulieren kann, so ist er verpflichtet, nach § 12 Abs. 7 VOB/A Aufklärung zu verlangen. Unterlässt der Bieter die notwendige Aufklärungshandlung, so stehen ihm im Rahmen der Vertragsabwicklung ggf. keine Mehrvergütungsansprüche aus § 2 VOB/B zu.[141]

Ein Bieter ist gehalten, auch ein Leistungsverzeichnis mit sprachlichen und strukturellen Mängeln sorgfältig zu lesen, inhaltsmäßig genau zu erfassen und aufgrund der Gesamtheit aller maßgeblichen Umstände auszulegen.[142]

---

[140] VK Lüneburg, B. v. 11.08.2005 - Az.: VgK-33/2005

[141] OLG Brandenburg, B. v. 04.03.2008 – Verg W 3/08 = BeckRS 2008,05188

[142] OLG Koblenz, Urteil vom 12.04.2010 - 12 U 171/09 nachfolgend: BGH, 20.12.2010 - VII ZR 77/10 „Gerüst mit Wetterschutzdach"

Die Auskunftspflicht obliegt dem ÖÄG. Wenn ein Bieter verbindliche Auskünfte der Vergabe-stelle erhalten möchte, kann ihm nur geraten werden, seine Anfragen zur Leistungsbeschrei-bung offiziell und insbesondere schriftlich[143] gegenüber der Vergabestelle zu stellen. Die Ver-gabestelle ist dann wegen des Gleichbehandlungsgrundsatzes verpflichtet, wettbewerbsrele-vante Fragen und Antworten auch den übrigen Bietern zukommen zu lassen.[144]

Stellt eine Vergabestelle nur einem Bieter wettbewerbs- und preisrelevante Kalkulations-Grundlagen zur Verfügung und macht sie diese anderen Bietern bzw. Bewerbern nicht auch zugänglich, liegt eine Ungleichbehandlung vor, die mangels vergleichbarer Angebote zur Auf-hebung des Vergabeverfahrens führt. Grundlage der Regelung ist das Prinzip der Gleichbe-handlung aller Teilnehmer an einem Vergabeverfahren. Die frühere Unterscheidung zwischen zusätzlichen sachdienlichen Auskünften und „wichtige(n) Aufklärungen" ist mit der Novellie-rung 2009 entfallen.

Frage zur Ausschreibung _____ gemäß § 12 Abs. 7 VOB/A

Sehr geehrte Damen und Herren,

In dem Vergabeverfahren _____ mit dem Leistungsverzeichnis _____ erga-ben sich nachfolgende Fragen. Hierzu erbitten wir zusätzliche sachdienliche Auskünf-te.

1. In der Position 01.02 verwenden Sie die Einheit m². Nach den Abrechnungsregeln der VOB/C erfolgt jedoch eine Massenerfassung über Meter (m). Wollen Sie von der Abrechnungsregel der VOB/C abweichen?

2. Zu der Position 01.05 geben Sie ein Leitprodukt vor, ohne uns die Möglichkeit zu geben, ein gleichwertiges Produkt anzubieten. Hierbei handelt es sich um einen Normverstoß i. S. d. § 7 Abs. 4 VOB/A, sodass wir die Möglichkeit des Angebotes eines gleichwertigen Produktes fordern.

3. Mit der Pos. 01.25 schreiben Sie eine Größe aus, die so nicht mehr hergestellt wird. Bitte geben Sie uns eine lieferbare Größe vor.

4. ...

Rein vorsorglich weisen wir darauf hin, dass wir, wenn wir von Ihnen keine Antwort bis zwei Tage vor dem Eröffnungstermin erhalten haben, von unserem Änderungsrecht gebrauch machen werden.

Mit freundlichen Grüßen

Bewerber

Bild 4-3   Mustertext 5: Fragen zur ausgeschriebenen Leistung

---

[143] hier ist mit schriftlich die Textform, somit ein Fax, ausreichend. Auf Emails sollte verzichtet wer-den.

[144] 2. VK Bund, B. v. 11.9.2002 - Az.: VK 2-42/02

4.7 Kosten

Der ÖAG darf für die Leistungsbeschreibung und die anderen Unterlagen ein Entgelt gemäß § 8 Abs. 7 VOB/A fordern, nicht jedoch bei beschränkten Ausschreibungen oder freihändigen Vergaben. Das Entgelt darf nur die Selbstkosten für die Kopien der Vergabeunterlagen und das Porto beinhalten. Die Erstellung der Vergabeunterlagen kann sich der ÖAG nicht auf diesem Wege erstatten lassen. Im Zweifelsfall muss der ÖAG darlegen, wie sich das Entgelt berechnet.[145]

---

[145] VK Magdeburg, B. v. 6.3.2000 - Az.: VK-OFD LSA-01/00

5 Das Angebot

5.1 Formblätter des VHB

Name und Anschrift des Bieters

Maßnahmennummer	
Vergabenummer	
Eröffnungs-/Einreichungstermin	
Datum	Uhrzeit
Ort Anschrift wie oben	
Raum	Telefon
Zuschlagsfrist endet am	

Deutschland

Angebot

Baumaßnahme

Leistung

1 Mein/Unser Angebot umfasst:

1.1 folgende beigefügte Unterlagen
- Leistungsbeschreibung mit den Preisen und den geforderten Erklärungen,
- Besondere Vertragsbedingungen (214),
- alle weiteren nach der Aufforderung zur Abgabe eines Angebots (211) geforderten und soweit erforderlich ausgefüllten Anlagen, die diesem Angebotsschreiben beigefügt sind (vgl. 211 Abschnitte B und C sowie Nr. 5).

1.2 folgende nicht beigefügte Unterlagen
- Allgemeine Vertragsbedingungen für die Ausführung von Bauleistungen (VOB/B), Ausgabe 2009,
- Allgemeine Technische Vertragsbedingungen für Bauleistungen (VOB/C), Ausgabe 2009
- Zusätzlichen Vertragsbedingungen (215), Einheitliche Fassung Februar 2010

2.1 ☐ Ich bin/Wir sind bevorzugte(r) Bewerber laut beigefügtem(n)/vorliegendem(n) Nachweis(en).

2.2 Ich bin/Wir sind ein ausländisches Unternehmen aus einem

☐ EWR-Staat bzw. Staat des WTO   ☐ anderer Staat   Nationalität:
– Abkommens   (bitte intern. Kfz. Kennzeichen eintragen)

2.3 ☐ Ich bin/Wir sind präqualifiziert
und im Präqualifikationsverzeichnis eingetragen unter Nummer:

3 Zur Ausführung der Leistung erkläre(n) ich/wir
Ich/Wir werde(n) die Leistungen, die ich/wir nicht in den Formblättern 233 und/oder 234 angegeben habe(n), im eigenen Betrieb ausführen.

4   Ich/Wir biete(n) die Ausführung der beschriebenen Leistungen zu den von mir/uns eingesetzten Preisen und mit allen den Preis betreffenden Angaben wie folgt an:

4.1 Hauptangebot	Endbetrag einschl. Umsatzsteuer (ohne Nachlass)	Preisnachlass ohne Bedingung auf die Abrechnungssumme für Haupt- und alle Neben- angebote [1]
Summe Los	€	%
Summe Los	€	%
Summe Los	€	%
Summe Los	€	%
Summe Los	€	%
Summe Los	€	%
Summe Gesamtangebot über alle Lose	€	

4.2 Nebenangebote zum Hauptangebot	Anzahl:

Um einen reibungslosen Ablauf des Eröffnungstermins zu ermöglichen, wurden im Angebotsschreiben Eintragungsfelder für die im Eröffnungstermin zu verlesenden Endbeträge und andere den Preis betreffende Angaben sowie für weitere Angaben zum Angebot zusammengefasst.

An mein/unser Angebot halte ich mich/halten wir uns bis zum Ablauf der Zuschlagsfrist gebunden.

5   Ich bin mir/Wir sind uns bewusst, dass eine wissentlich falsche Erklärung im Angebotsschreiben meinen/ unseren Ausschluss von weiteren Auftragserteilungen zur Folge haben kann.

6   Die nachstehende Unterschrift gilt für alle Teile des Angebots.

☐   Ich/Wir gebe(n) eine selbstgefertigte Kurzfassung des Leistungsverzeichnisses des Auftraggebers ab und erkenne(n) mit der Unterschrift die vom Auftraggeber verfasste Urschrift des Leistungsver- zeichnisses als alleinverbindlich an.

7   ☐   Ich/Wir erkläre(n), dass das vom Auftraggeber vorgeschlagene Produkt Inhalt meines/unseres An- gebotes ist, wenn Teilleistungsbeschreibungen des Auftraggebers den Zusatz „oder gleichwertig" enthalten und von mir/uns keine Produktangaben (Hersteller- und Typbezeichnung) eingetragen wurden.

Ort, Datum, Stempel und Unterschrift

Wird das Angebotsschreiben an dieser Stelle nicht unterschrieben, gilt das Angebot als nicht ab- gegeben.

---
[1]   siehe Nr. 3.7 der Bewerbungsbedingungen 212

Bild 5-1   Formblätter Angebotsschreiben

5.2 Anforderungen an die Angebote

Die Bestimmung des **§ 13 VOB/A** liegt im Sinne eines vergleichbaren Wettbewerbes, indem sie der leichteren und eindeutigen Vergleichbarkeit der Angebote durch den ÖAG dienen soll.

Die schriftlich eingereichten Angebote sind in einem **verschlossenen Umschlag** oder ähnlichem eindeutig verschlossenem Behältnis einzureichen und als Angebot zu kennzeichnen. Viele ÖAG verwenden hierzu eigene dem Bewerber zugesandte Umschläge.

Benutzt der Bieter einen herkömmlichen Umschlag, so ist eine deutliche Kennzeichnung anzubringen. Zum Beispiel:
– Achtung! Umschlag nicht öffnen!
– Ausschreibungsnummer: ...
– am: ...
– um: ... Uhr

Die Angebote sind vom ÖAG bis zum Eröffnungstermin[146] unter Verschluss zu halten. Damit soll gewährleistet werden, dass **die Angebote geschützt werden** und nicht – ggf. auch nur zufällig – vor dem Eröffnungstermin geöffnet werden und der damit verbundenen Gefahr der Manipulationsmöglichkeit[147] ausgesetzt sind.

Der Bieter muss ein Angebot mit einer großen Sorgfalt und Genauigkeit ausfüllen, denn ein Vergabeverfahren ist, aufgrund des formalisierten Verfahrens, ohne Abweichungen von den Vergabeunterlagen durchzuführen. Fehler und Versäumnisse beim Ausfüllen der Angebotsunterlagen können nur in einem sehr begrenzten Rahmen durch den ÖAG korrigiert werden.[148] Hat der ÖAG keine Korrekturmöglichkeit, so führt dies grundsätzlich zum Ausschluss des Angebotes.

5.2.1 Unterschrift

Ist ein Angebot nicht unterschrieben, so führt dies zum Ausschluss. Nach § 13 Abs. 1 Nr. 1 Satz 3 VOB/A ist definiert, dass die Unterzeichnung erforderlich ist. Durch den Imperativ des § 16 Abs. 1 Nr. 1 lit b) VOB/A mit dem Verweis auf § 13 Abs. 1 Nr. 1 VOB/A ist ein **Ausschluss unumgänglich**.

*Die Unterschrift kann jedoch noch **im Eröffnungstermin**, unter der Voraussetzung, dass das Angebot rechtzeitig vorlag, vom Bieter **nachgeholt werden**.[149]*

Ist es jedoch nur **nicht rechtsverbindlich unterschrieben**, so darf es nicht ausgeschlossen werden. Danach ist die Unterschrift eines Geschäftsführers, der jedoch nur mit einem weiteren

---

[146] Vor 2006:Submission
[147] 1. VK Bund, B. v. 13.5.2003 - Az.: VK 1-31/03
[148] VK Rheinland-Pfalz, B. v. 7.6.2002 - Az.: VK 13/02
[149] Rusam in H/R/R § 21, VOB/A Rdn. 3

vertretungsberechtigt ist, möglich. Dies ergibt sich aus dem Fehlen einer derartigen Bestimmung in der VOB/A seit dem Jahr 2000 und der ÖAG im Zweifelsfall von dem Vorliegen einer Anscheinsvollmacht auszugehen hat.[150] Ohne triftigen Anlass muss der ÖAG im Übrigen keine Nachforschungen über die Berechtigung des Unterzeichnenden anstellen.[151] Die Unterzeichnung hat, wenn der ÖAG nichts anderes vorgesehen hat, im Anschreiben zum Angebot – mit Bezugnahme auf das Angebot – oder auf der letzten Seite des Angebotes, unter dem Angebotspreis, zu erfolgen. Ist in den Vergabeunterlagen jedoch ein besonderer Platz für die Unterschrift vorgesehen, z. B. auf einem Formblatt, so hat die Unterschrift auch an der genau bezeichneten Stelle zu erfolgen, hiervon abweichende Angebote sind auszuschließen.[152] Der ÖAG kann verlangen, dass das Angebot an mehreren Stellen unterschrieben werden muss. So z. B. unter dem Leistungsverzeichnis und unter den Besonderen Vertragsbedingungen.[153]

Ohne eine Unterschrift unter dem Angebot können die Vergabeunterlagen nicht zu einem Angebot werden.[154] Ein Angebot ohne Unterschrift hat damit den Status von nicht bearbeiteten zurückgesandten Vergabeunterlagen.

Die Unterschrift gilt in der Rechtspraxis als **Bekundung des Willens** i. S. von § 127 BGB und ist damit keine Erklärung. Eine Erklärung ist die Feststellung oder Erläuterung eines Sachverhaltes, einer Situation oder einer Absicht. Damit scheidet die Heilungsmöglichkeit der § 16 Abs. 1 Nr. 3 VOB/A eben aus.

5.2.2 Erklärungen

In den Angeboten müssen Erklärungen (auch zu Materialangaben) eingetragen werden. Übersieht der Bieter hier Angaben, so gilt sein Angebot als unvollständig und kann deshalb bei der Wertung ausgeschlossen werden.[155] Mit der 2009er Novellierung ist der ÖAG jedoch in der **Pflicht, fehlende Erklärungen und Nachweise** gemäß § 16 Abs. 1 Nr. 3 VOB/A innerhalb von 6 Tagen **nachzufordern**.

Die Begriffe „Erklärungen und Nachweise" wurden bewusst weitreichend und umfassend gewählt und betreffen alle in der Praxis gebräuchlichen Nachweise wie „Unbedenklichkeitserklärungen von Berufsgenossenschaft, Finanzamt, Krankenkasse, Referenzliste des Bieters, Tariftreueerklärung, Auszüge aus Gewerbe- und Steuerregister" usw., wegen der umfassenden Begrifflichkeit sind hier praktisch alle Erklärungen und Nachweise gemeint, die nicht in Sonderbestimmungen der Ausschlusstatbestände des § 16 Abs. 1 Nr.1 und 2 VOB/A geregelt sind.[156]

Dass die Frist von 6 Kalendertagen verlängert werden kann, **sollte vorsorglich verneint** werden, denn der DVA hat diese Frist explizit angegeben und nicht etwa normiert, dass die Frist angemessen sein müsste. Somit werden der ÖAG und dessen Planer gut beraten sein, diese Frist zu beachten.

---

[150] 1. VK Sachsen, B. v. 31.01.2005 - Az.: 1/SVK/144-04; VK Hessen, B. v. 27.2.2003 - Az.: 69 d VK-70/2002

[151] Dähne in K/M, § 21, VOB/A Rdn. 6

[152] VK Düsseldorf, B. v. 21.04.2006 - Az.: VK-16/2006-L; VK Lüneburg, B. v. 28.7.2003 - Az.: 203-VgK-13/2003

[153] VK Halle, B. v. 12.7.2001 - AZ: VK Hal 9/01

[154] Rusam in H/R/R § 25, VOB/A Rdn. 5

[155] VK Südbayern, B. v. 5.9.2003 - Az.: 37-08/03

[156] Stapel, Technischer Prüfer der Stadt Willich

Die Konsequenz, dass das Angebot ausgeschlossen werden kann, resultiert aus den Vorbemerkungen des ÖAG. Dieser hat dort häufig definiert, dass **fehlende Angaben zum Ausschluss führen** können, und reagierte damit auf häufige Rechtsprechungen. Diese machten deutlich, dass durch die fehlenden Angaben eine gleichberechtigte Vergleichbarkeit der Angebote nicht gewährleistet werden kann.

Abweichungen von Technischen Spezifikationen liegen vor, wenn die Leistung anhand von allgemein formulierten, standardisierten technischen Vorgaben beschrieben ist und der Bieter sie ausdrücklich nicht einhalten will.[157] Solche Abweichungen sind nur zulässig, wenn

- sie in dem Sinne des ausgeschriebenen Produkts gleichwertig sind,
- im Angebot als solche eindeutig bezeichnet sind und
- die Gleichwertigkeit mit dem Angebot nachgewiesen ist.[158]

Da diese Voraussetzungen aber nicht in § 16 Abs. 1 Nr. 2 VOB/A als Ausschlussgrund genannt sind, ist im Interesse eines möglichst breiten Wettbewerbs zu folgern, dass ein Fehlen beim Eröffnungstermin grundsätzlich für das Angebot unschädlich ist und dass entsprechende Nachweise noch nachgereicht werden können.[159] Gelingt dies aber nicht, muss der Auftraggeber das Angebot als unvollständig ausscheiden.

Die (gleichwertige) Abweichung von der Technischen Spezifikation ist nicht als Nebenangebot zu sehen, sondern stellt die vom Auftraggeber geforderte Bauleistung dar und das Angebot muss gewertet werden.[160]

Wichtig für die Entscheidung des Ausschlusses ist, dass der Gleichbehandlungsgrundsatz und das Transparenzgebot nicht verletzt werden.[161]

5.2.3 Preisangaben

Gemäß § 13 Abs. 1 Nr. 3 VOB/A müssen dort, wo Preise einzutragen waren, Preise eintragen werden. Hierbei bedeutet „geforderte Preise", dass an der Stelle, wo ein Preis eingetragen werden muss, etwas steht, das wie ein Preis aussieht. Somit sind **nicht nur Zahlen zu beurteilen**, sondern auch andere Angaben **wie 0 oder –**, nicht aber Texte wie „enthalten" bzw. „in Position …".[162] Diese Texte deuten auf eine **Mischkalkulation** hin.

Die Bestimmung, im Angebot „nur die Preise" anzugeben, ist weiter im Zusammenhang mit § 4 Abs. 3 VOB/A zu sehen, wonach der Bieter **seine Preise in die Leistungsbeschreibung einzusetzen** hat. Im Fall einer Leistungsbeschreibung mit Leistungsverzeichnis ohne Pauschale sind alle Einheitspreise einzutragen.[163] Diese Forderung ist auch für evtl. Wahlpositionen einzuhalten.[164]

---

[157] OLG Düsseldorf NZBau 2005, 169.
[158] Kapellmann/Messerschmidt, VOB Teile A und B, 2. Auflage 2007, VOB/A § 21, Rdn.r. 30
[159] VK Bund IBR 2001, 76.
[160] VHB Bund § 21 A Nr. 3.
[161] Die Wertbarkeit unvollständiger Angebote, Langaufsatz von RA Dr. Thomas Ax, Maître en Droit (Paris X-Nanterre) und RA Pablo Rohrlapper, Kanzlei Ax, Schneider & Kollegen, Neckargemünd
[162] VÜA Bayern IBR 1999, 349; wohl auch BGH | NJW 1998, 3634
[163] BGH BauR 2005, 1620; OLG Jena | IBR 2003, 629
[164] VK Baden-Württemberg, Beschluss vom 17.05.2010

Das Angebotsverfahren ist darauf abzustellen, dass der Bieter die Preise, die er für seine Leistungen fordert, in die Leistungsbeschreibung einzusetzen oder in anderer Weise im Angebot anzugeben hat.

Im schriftlichen Angebot fehlende Preise konnten auch nicht dadurch geheilt werden, dass gegebenenfalls beigefügte Disketten die Preise enthalten, da das Gebot der Schriftlichkeit nicht erfüllt ist. Dies gilt auch, wenn der Bewerber nur wenige, für seinen Betrieb ggf. ungeeignete, Positionen ausschließt.

Werden Preise damit angegeben, dass diese in anderen Positionen enthalten sein sollen, liegt nach § 13 Abs. 1 Nr. 3 VOB/A eine fehlende Preisangabe vor. Dabei kommt es nicht darauf an, ob diese Angabe in spekulativer Absicht oder aus anderen Gründen gemacht worden ist. Ein Bieter genügt den Anforderungen des § 13 Abs. 1 Nr. 2 VOB/A nur dann, wenn er alle Preise angibt bzw. zu allen Positionen der Leistungsbeschreibung Stellung nimmt.[165] Es ist auch **unerheblich, welchen Umfang die betreffende Position** im Verhältnis zum gesamten Angebotsvolumen beinhaltet.

5.2.3.1   Ausnahme: ein fehlender Preis

Der öffentliche Auftraggeber ist mit Einführung der neuen VOB/A in der Lage, diese strengen Kriterien gemäß § 16 Abs. 1 Nr. 1 lit c VOB/B zu umgehen. Beziehen sich fehlende Preise auf **eine einzelne unwesentliche Position**, so kann das Angebot des Bieters dennoch gewertet werden, wenn für den fehlenden Preis der höchste Preis aus den übrigen Angeboten ersatzweise eingesetzt wird.

Denn § 16 Abs. 1 Nr. 1 lit c) VOB/A normiert, dass der Preis einer (1) einzelnen Position fehlen darf. Dieser muss im Weiteren im Verhältnis zum Gesamtangebotspreis unwesentlich sein. Unwesentlich ist eine Position, wenn es sich um die Fußleisten einer Küche handelt. Nicht unwesentlich wird das Fehlen eines Preises für den Gussasphalt einer Straßensanierung sein. Es kommt somit auf das Verhältnis zum gesamten Leistungs- oder Auftragsvolumen an.

Da der Bieter jedoch keinen Preis abgegeben hat, kann das Verhältnis ggf. nicht objektiv bestimmt werden. Die Unwesentlichkeit kann damit i. d. R. nur unter Zuhilfenahme der übrigen Angebote festgestellt werden.

Zudem liegt hier der Fall vor, dass durch den hilfsweise einzusetzenden höchsten Wettbewerbspreis die Wertungsreihenfolge nicht geändert werden darf, denn bei einer Änderung der Reihenfolge wird der fehlende Preis eben wesentlich. Damit ist jeder fehlende Preis unwesentlich, wenn sich durch den eingesetzten höchsten Wettbewerbspreis die Wertungsreihenfolge nicht ändert. Demzufolge ist jedes Angebot, welches sich in der **Rangliste verändert**, wenn der hilfsweise eingesetzte Preis herangezogen wird, **auszuschließen**, weil der fehlende Preis dann nicht mehr unwesentlich ist.

Die Wertung mit dem im Wettbewerb höchsten Preis bedeutet jedoch nicht, dass dieser Höchstpreis auch beauftragt wird. Hier liegt vielmehr der Fall vor, dass der Bieter, der für die einzelne unwesentliche Position keinen Preis abgab, nach Auftragserteilung einen Preis abzugeben hat. Würde sich der ÖAG darauf verlassen, dass der Bieter keinen Preis abgegeben hat, so wäre seine Annahme konträr zu § 632 Abs. 1 BGB, wonach eine Vergütung als stillschweigend vereinbart gilt, wenn die Herstellung des Werks nur gegen eine Vergütung zu erwarten

---

[165] VK Brandenburg, B. v. 18.6.2003 - Az.: VK 31/03

war. Eine Preisverhandlung vor Zuschlagserteilung würde jedoch einer verbotenen Nachverhandlung gleichkommen.[166]

Der Preis selbst, der nach Zuschlagserteilung ermittelt wird, muss sich im Rahmen der „ortsüblichen" Preise i. S. d. § 632 Abs. 2 BGB bewegen und dürfte somit den im Wettbewerb erzielten Preis nicht übersteigen.

5.2.3.2 Mischkalkulation

Worteintragungen wie „**enthalten**" bzw. „**in Position ... mit enthalten**" stellen eine Mischkalkulation dar. Damit gesteht der Bieter ein, dass er seine Preise „umverteilt" hat,[167] was seine Preisangabe unvollständig macht und **zwingend zum Ausschluss** des Angebots nach § 16 Abs. 1 Nr. 1 lit. c VOB/A führt.[168] Eine Heilung auch bei einer einzelnen unwesentlichen Position wird nicht möglich sein, da durch die Preisumverteilung auch andere Positionspreise nicht vollständig, im Sinne von Preisbildung nur für diese Position, sind. Durch die Eindeutigkeit der Bieterangabe ist der Ausschluss des Angebotes unumgänglich.

Entsteht der Eindruck einer Mischkalkulation dadurch, dass der Bieter Centpreise angegeben hat und nicht nur unverhältnismäßig niedrige Preise vorliegen, sondern auch hierzu entsprechend hohe,[169] die den umgelagerten Preisanteil enthalten könnten, dann ist nach vorherrschender Rechtsmeinung unstrittig, dass der Auftraggeber die Beweislast für das Vorliegen einer Mischkalkulation trägt.[170] Kann dem Bieter nicht mit Sicherheit eine Mischkalkulation nachgewiesen werden, ist ein Ausschluss nicht zulässig. Der Bieter sollte, um Zweifel auszuräumen, vom ÖAG zu einem Aufklärungsgespräch eingeladen werden, damit der Ausschluss vermieden werden kann.

In einigen Ausschreibungen werden die einzelnen Teilleistungen derart zergliedert, dass Lieferanten nur einen Gesamtpreis für eine Leistungsgruppe, ein Heizungskessel zusammen mit den Pumpen, anbieten können. Da der Preis nicht mischkalkuliert sein darf, muss der ÖAG auf die Unzweckmäßigkeit seines LV hingewiesen und um Aufklärung gebeten werden.

5.2.3.3 Eindeutige Preise

Der ÖAG wird auch Angebote ausschließen, wenn bei diesen **nicht zweifelsfrei** zu erkennen ist, ob der Bieter die Änderungen, an Preisen und anderen Erklärungen, alleine vorgenommen hat.

---

[166] VK Sachsen: 1/SVK/057-09 vom 16.12.2009 | IBRRS 73873; Frister ist in K/M § 16 Rdn. 22 der Meinung, dass das Nachverhandlungsverbot durchbrochen werden darf.

[167] Die Beweislast für deren Nichtvorliegen trägt die Vergabestelle, OLG Dresden IBR 2005, 567, OLG Frankfurt/Main IBR 2005, 702, OLG Naumburg VergabeR 2005, 779, Thüringer OLG VergabeR 2006, 358. Vgl. dazu grundsätzlich Müller-Wrede, NZBau 2006, 73.

[168] BGH, Beschluss vom 18. 5. 2004 - X ZB 7/04 (KG) | IBRRS 46405

[169] Müller-Wrede: Die Behandlung von Mischkalkulationen unter besonderer Berücksichtigung der Darlegungs- und Beweislast, NZBau 2006 Heft 2

[170] Vgl. Ziff. 6.4

| 200,000   m² | ~~37~~,00 | 7 400, w |

Ein **Rückschluss vom GP auf den Einheitspreis** ist im obigen Beispiel **nicht statthaft**, das Verbot der Berechnungsumkehr resultiert aus dem Wortlaut von § 16 Abs. 4 Nr. 1 VOB/A, dass sich der Gesamtbetrag aus dem Ergebnis der Multiplikation von Mengenansatz und Einheitspreis bildet. Dieser Norm ist streng logisch, denn durch den variablen Mengenansatz sind bei der Rückrechnung von GP auf EP unendlich viele Ergebnisse möglich. Zudem ist der EP eines Angebotes fest stehend.

5.2.4 Kurzfassung

Die häufig durch Bieter mit eingereichte Kurzfassung ist **nur zusammen mit dem** vom Auftraggeber übersandten **Leistungsverzeichnis** Bestandteil des Angebots, und somit führt das Fehlen von im Leistungsverzeichnis ausdrücklich verlangten Angaben zur Unvollständigkeit der eingereichten Kurzfassung.[171] Die Differenzierung in Lohn und Materialkosten muss beim Bedarf auch in der Kurzfassung erfolgen.

Die Kurzfassung muss wie das Leistungsverzeichnis selbst aufgebaut sein. Dabei darf lediglich der Langtext der Positionen fehlen.

Die Kurzfassung muss vom Bieter gemäß § 13 Abs 1 Nr. 6 VOB/A als **allein verbindlich schriftlich anerkannt werden**, ansonsten gilt die Kurzfassung nicht.

Der Bieter sollte generell auf eine selbst gefertigte Abschrift verzichten, die die Langtexte enthält, da der ÖAG hierdurch in die „Notlage" kommt, zu überprüfen, ob der Langtext tatsächlich mit dem LV übereinstimmt. Eventuelle Eintragungen sind im ohnehin abzugebenden LV oder auf einem neutralen Beiblatt vorzunehmen.

In vielen Vergabeunterlagen hat der ÖAG jedoch über dem Unterschriftsfeld bereits definiert, dass im Falle einer Kurzfassung die Alleinverbindlichkeit des LV anerkannt wird.

5.2.5 Nebenangebote

Nebenangebote müssen im Angebot **besonders zu identifizieren** sein. Dies soll die Transparenz gegenüber allen Bietern gewährleisten und gilt insbesondere dann, wenn in Nebenangeboten eine technische Abweichung angeboten wird. Durch diese Bedingung werden die Bieter davor geschützt, dass Mitbieter Nebenangebote einreichen, die nicht als solche zu erkennen sind und somit die fehlerfreie Durchführung des Vergabeverfahrens gefährden könnten.[172] Die Anzahl von Nebenangeboten ist an einer vom ÖAG in den Vergabeunterlagen bezeichneten

---

[171] VK Halle, B. v. 16.1.2001 - AZ: VK Hal 35/00

[172] VK Düsseldorf, B. v. 14.08.2006 - Az.: VK-32/2006-B; VK Brandenburg, B. v. 12.3.2003 - Az.: VK 7/03

Stelle aufzuführen. Zudem darf der ÖAG als Wartungskriterium nicht allein den Preis angegeben haben. Er muss, um Nebenangebote zulassen zu können, den Zuschlag auf das wirtschaftlichste Angebot erteilen. Etwaige Nebenangebote müssen auf besonderer Anlage gemacht und als solche deutlich gekennzeichnet werden. Nebenangebote sind zu werten, es sei denn, der ÖAG hat sie in der Bekanntmachung oder in den Vergabeunterlagen nicht zugelassen. Nebenangebote sollen dem ÖAG die Kenntnis von anderen, ihm nicht bekannten oder von ihm nicht bedachten Ausführungsmöglichkeiten vermitteln.

5.2.6 Preisnachlässe

Das Angebot kann Preisnachlässe enthalten. Diese können als pauschaler Betrag oder in Prozenten angegeben werden. Dabei kann der Abzug von der Angebotssumme oder der Abrechnungssumme erfolgen. Die Angabe muss an einer vom ÖAG in den Vergabeunterlagen vorgesehenen Stelle erfolgen. Für die Anerkennung eines gewährten Skontoabzugs bedarf es der Möglichkeit der Einflussnahme des ÖAG. Kann dieser bereits mit der Wertung der Angebote absehen, dass er den Skontoabzug nicht berücksichtigen kann, weil die Frist für die interne Zahlungsabwicklung zu kurz ist, so kann er den Skontonachlass nicht werten. Für den ÖAG besteht jedoch keine Verpflichtung, einen Skontonachlass generell zu werten. Zudem normiert § 16 Abs. 9 Satz 2 VOB/A deutlich, dass dieser nur gewertet werden kann, wenn der Bieter zur Abgabe eines solchen Nachlasses aufgefordert wurde.

Diese Aufforderung musste, um den Skonto werten zu können, eindeutig sein. Es musste festgelegt werden, auf welche Zahlungen, Abschlags-, Schluss- oder alle Zahlungen der Skonto gilt und unter welcher Fristbedingungen[173] die Zahlung erfolgt. Eine vom Bieter zu definierende Frist würde, da diese Frist variabel ist, i. d. R. nicht mit den übrigen Angeboten zu vergleichen sein. Zudem muss definiert sein, dass die Frist ab dem Eingang der Rechnung beginnt, da das Rechnungsdatum nicht durch den ÖAG bestimmbar ist.

Treffen diese Voraussetzungen zu, kann der Bieter Skonto in seinem Angebot vorsehen.

Andere Preisnachlässe, die nicht gefordert waren, wie z. B. Nachlass i. H. v. 2 %, wenn alle Lose an einen Bieter fallen, sind generell nicht wertbar.

Preisnachlässe, die nicht an der in den Vergabeunterlagen festgelegten Stelle – ggf. auch mehrere – aufgeführt sind, sind gemäß § 16 Abs. 9 VOB/A auch dann von der Wertung auszuschließen, wenn sie inhaltlich den gestellten Anforderungen entsprechen und für den Ausschreibenden und die Konkurrenten des Bieters zu erkennen sind.[174]

5.2.7 Elektronische Angebote

Mit der Änderung 2006 stellte die VOB erstmals die Ermächtigung dar, dass auch elektronische Angebote zugelassen wurden. Die elektronische Angebotsabgabe ist Teil des umfassenden und ganzheitlichen Prozesses der elektronischen Ausschreibung und Vergabe (E-Vergabe). Dieser Prozess steht auf der Prioritätenliste der Kommission der Europäischen Gemeinschaften und der Politik in der Bundesrepublik Deutschland relativ weit oben, hat aber bisher aus vielfältigen Gründen den Durchbruch im Bereich der Angebotsabgabe nicht geschafft.

---

[173] BGH, Urteil vom 11.03.2008 - X ZR 134/05 | IBR 2008 Heft 6 347 Skontofristen müssen realistischerweise eingehalten werden können.

[174] BGH Urteil vom 20.01.2009 | NHW Spezial Heft 2009 174

Der Bereich der E-Vergabe wird nicht nur durch unmittelbare vergaberechtliche Vorschriften geregelt, sondern durch eine Vielzahl weiterer Vorschriften bestimmt. Neben den europarechtlichen Regelungen sind hier die nationalen Regelungen von Bedeutung.

Zur Ausfüllung insbesondere der europäischen Richtlinien hat die Bundesrepublik Deutschland verschiedene Vorschriften erlassen, um die elektronische Angebotsabgabe bzw. den Prozess der ganzheitlichen E-Vergabe möglich zu machen.

Die elektronischen Angebote sind mit einer elektronischen Signatur[175] nach dem Signaturgesetz zu versehen. Zur Erleichterung der elektronischen Angebotsabgabe wurde mit der VOB/A 2006 die fortgeschrittene elektronische Signatur nach dem Signaturgesetz in Verbindung mit den Anforderungen des Auftraggebers als Wahloption für die Auftraggeber vorgesehen.

Das elektronische Angebot spielt bisher weder in der Praxis noch in der Rechtsprechung eine Rolle.

Der Bund, verschiedene Bundesländer sowie andere Institutionen unternehmen derzeit Pilotprojekte, um die Anwendung der elektronischen Vergabe als geschlossenes System umzusetzen.[176]

5.2.8 Allgemeine Geschäftsbedingungen

Für die üblicherweise vom Bieter verwandten Allgemeinen Geschäftsbedingungen (AGB) ist kein Platz im Angebot des Bieters. **AGB dürfen nicht** als gesonderte Beilage, auf der Rückseite der selbst gefertigten Abschrift oder an anderer Stelle, **hinzugefügt werden**.

Die Stellung von AGB durch den Bieter ist für den ÖAG nicht akzeptabel, da dieser eben durch seine eigenen Vergabeunterlagen selber AGB formulierte, und diesen hat sich der Bieter zu unterwerfen.[177] Andernfalls wäre mit einer Zuschlagserteilung auf zwei unterschiedliche Vertragswerke – AGB des ÖAG und des Bieters – keine übereinstimmende Willenserklärung möglich, und die Vertragsausführung würde ungeregelt erfolgen, sodass durch die Ablehnung der bietereigenen AGB verhindert wird, dass über die Geltung von Vertragsbedingungen nachträglich Streit entsteht.[178]

Auch wenn der ÖAG diese Ausschlusskriterien nicht explizit formulierte, bleibt es bei Vergabeverstoß. Hieran ändert auch die Art der Beifügung i. d. R. nichts. Denn es kann davon ausgegangen werden, dass der Bieter seine Unterlagen sorgfältig und gewissenhaft zusammengestellt hat und damit allein schon zum Ausdruck bringt, dass die AGB verwendet werden sollen.[179]

Die inhaltliche Auseinandersetzung, mit den AGB kann dem ÖAG bzw. dem Planer nicht zugemutet werden. Denn dieser wird i. d. R. nicht die juristischen Kenntnisse haben, um entscheiden zu können, ob die bietereigenen den eigenen ggf. nicht widersprechen. Zusätzlich

---

[175] Unter einer elektronischen Signatur versteht man Daten, mit denen man den Unterzeichner bzw. Signaturersteller identifizieren kann und sich die Integrität der signierten, elektronischen Daten prüfen lässt. (http://de.wikipedia.org/wiki/Elektronische_Signatur)

[176] Siehe auch Ziff. 2.2

[177] Der frühere Begriff der Submission kommt im Übrigen aus dem Englischen und steht für Unterwerfung

[178] 3. VK Bund, B. v. 18.09.2008 - Az.: VK 3-122/08

[179] Weyand, § 25 VOB/A, Rdn. 5555/1

führt diese Überprüfung zu einer Verzögerung des Vergabeverfahrens, was dem Ziel der schnellen und reibungslosen Realisierung von Bauvorhaben entgegensteht.[180]

5.2.9 Bieterbegleitschreiben

Unter einem solchen Schreiben verstehet der ÖAG ein Schriftstück des Bieters mit zusätzlichen Informationen zum ausgefüllten Angebot. Damit wird das Begleitschreiben des Bieters regelmäßig **Bestandteil seines Angebots** und unterliegt denn Prüfungskriterien des Vergabeverfahrens.

Enthält das Begleitschreiben verfahrensfremde Bedingungen, so führt dies i. d. R. zum Ausschluss des Bieters.

Zudem darf das Schreiben auch auf der Rückseite keinerlei verfahrensfremde Bedingungen wie z. B. die firmeneigenen AGB aufstellen.

Hat der Bieter mit seinem Begleitschreiben Änderungen an den Unterlagen vorgenommen, können die Änderungen Vertragsinhalt werden, wenn der öffentliche Auftraggeber das Angebot – also inkl. des Begleitschreibens – unverändert annahm. Der Bieter musste hierzu lediglich seine Änderungen im Begleitschreiben an hervorgehobener Stelle platzieren und mitteilen, dass es sich nicht lediglich um eine unverbindliche Angabe interner Kalkulationsgrundlagen handelt.[181]

5.2.10 Subunternehmer

5.2.10.1 Subunternehmererklärung

Regelmäßig werden in Vergabeverfahren Angaben zu den Leistungen, die an Subunternehmer vergeben werden sollen, verlangt. Meist ist hierzu auch noch der genaue Name des Subunternehmers zu benennen, der den Auftrag erhält, wenn der Bieter den Zuschlag erhalten hat.

Nun sind falsch oder unvollständig ausgefüllte Subunternehmerangaben – i. d. R. auf Formblättern – ein häufiger Ausschlussgrund. Diese strenge Regelung führte dazu, dass im Falle der Nachunternehmerinsolvenz während des Vergabeverfahrens der Bieter ausgeschlossen wurde.

Die Rechtsprechung hat hierzu jedoch warnend entschieden, dass die Vergabeunterlagen anhand der für Willenserklärungen geltenden Grundsätze nach §§ 133, 157 GBG auszulegen sind. Danach muss der Bieter den Unterlagen klar entnehmen können, welche Erklärungen i. S. des § 13 Abs. 1 VOB/A von ihm gefordert werden. Kann er dies nicht, so genügt es, wenn er von einer objektiven möglichen Auslegung ausgeht. Weitaus entscheidender ist jedoch, dass festgestellt wurde, dass die bisherige Regelung – den Sub. bereits verbindlich zu benennen – den Bieter im Vergleich zum Vorteil dieser Regelung für den ÖAG unangemessen benachteiligt.[182] **Damit muss der Bieter nicht angeben, welchen Subunternehmer er zu beauftragen beabsichtigt.**

---

[180] Weyand, § 25 VOB/A, Rdn. 5563
[181] OLG Naumburg, Urteil vom 03.04.2008 - 1 U 106/07, IBR 2008 Heft 10
[182] BGH, Urteil vom 10.06.2008 – X ZR 78/07; NJW-Spezial 558

Die Vergabestellen des Bundes reagierten hierauf, indem das VHB 2008 in dieser Hinsicht geändert worden ist. Erst auf Verlagen der Vergabestelle ist die konkrete Benennung der Nachunternehmer einschl. Verfügbarkeitsnachweis vorzulegen.

5.2.10.2 Umfang der Subunternehmerleistung

Die frühere Begrenzung auf mindestens 1/3 der Leistungen, die durch den Bieter selbst erbracht werden müssen, wird **nicht mehr so dogmatisch** gesehen. Der ÖAG kann Nachweise für die Eignung verlangen, und es hängt nach § 4 Abs. 8 VOB/B allein von seinem Willen ab, ob und in welchem Umfang Sub. zum Einsatz kommen. Der Text „mit Zustimmung" überträgt somit allein dem ÖAG die Entscheidung darüber, ob die Bauleistung ausschließlich durch, dann auch geeignete, Nachunternehmer erbracht werden kann. Kommt der ÖAG nach objektiven Bewertungskriterien zu dem Schluss, dass der Subunternehmereinsatz die Gewähr für eine auftragsgerechte Bauausführung bietet, dann dürfte in Anbetracht des Diskriminierungsverbotes des § 2 Abs. 2 VOB/A und orientiert an dem primären europarechtlichen Gleichheitssatz der Beurteilungsspielraum zum Ausschluss des Bieters für den ÖAG nicht mehr gegeben sein, und der Bieter als Generalübernehmer ist zuzulassen. Damit besteht im Unterschwellenbereich kein zwingendes Selbstausführungsgebot.[183]

Eine **andere Meinung** besagt, dass mit § 6 Abs. 1 Nr. 2 und § 6 Abs. 2 VOB/A normiert ist, dass sich nur solche Bieter an einem Vergabeverfahren beteiligen können, die sich gewerbsmäßig mit der Ausführung von Leistungen der ausgeschriebenen Art befassen und die die Leistung – mindesten 1/3 der Leistungen[184] – im eigenen Betrieb ausführen wollen.[185]

 Hat der ÖAG keine Definition in den BWB getroffen, so sollte dieser um Auskunft hierzu gebeten werden.

5.2.11 Fehler in dem LV des ÖAG

Auch wenn der Bieter in einem LV einen Fehler entdeckt, darf er diesen **nicht eigenmächtig korrigieren**. Wird z. B. eine Teilleistung mit einer Einheit in Quadratmetern ausgeschrieben, richtig wäre jedoch die Einheit „laufende Meter" gewesen, muss der Bieter seinen Preis auf Quadratmeter umrechnen oder den ÖAG um Aufklärung bitten.[186]

Mit der Korrektur des offensichtlichen Fehlers ändert der Bieter die Angebotsunterlagen und **muss ausgeschlossen werden**.

Mit dem dogmatischen Verbot von Änderungen der Vertragsunterlagen soll die Vergleichbarkeit der Angebote gewährleistet werden.[187] Dadurch, dass die Bieter, ohne ihrer Hinweispflicht nachzukommen, die Vergabeunterlagen normwidrig änderten, sind die Angebote nicht mehr vergleichbar und müssen ausgeschlossen werde.

---

[183] Stoye, Generalübernehmervergabe - nötig ist ein Paradigmenwechsel bei den Vergaberechtlern NZBau 2004, 648

[184] OLG Frankfurt NZBau 2001, 101.

[185] Gahls in K/M3 VOB/A § 6 Teilnehmer am Wettbewerb Rdn. 17

[186] Siehe Ziff. 4.6 „,,

[187] BGH, Urteil vom 16.04.2002 - X ZR 67/00, IBR 2002, 374

Jede Änderung, auch die eines Fehlers, führt zu einer Nichtvergleichbarkeit und verstößt gegen das Primärprinzip der Gleichbehandlung. Insofern müssen Änderungen dogmatisch gewertet werden. Eine Umrechnung der Preise auf eine einheitliche Einheit ist weiterhin nicht statthaft, da dieses einer Preisänderung durch den Planer gleichkommen würde. Denn dieser kennt nicht die Kalkulationsgrundlagen des Bieters und kann für diesen nicht entscheiden.

5.3 Angebotskalkulation

Der Bewerber, der sich an einer Ausschreibung beteiligt, muss auf Grundlage der Vergabe-unterlagen sein Angebot kalkulieren. Rechtlich (also insbesondere nach VOB/B und BGB) kann der Bieter kalkulieren, wie er will. Den ÖAG hat zunächst nur der fertige EP zu interes-sieren. Die Kalkulationsmethodik wird nur bei Nachträgen und der EP-Anpassung bei Men-genänderungen oder bei Kündigungstatbeständen relevant. Auch dann kommt es jedoch nur darauf an, dass der ursprüngliche Ansatz konsequent fortgeschrieben wird.[188]

Die Bieter haben häufig eigene Methoden entwickelt, die den Anforderungen des Gewerks am nächsten kommen. Gemeinsam ist den unterschiedlichen Kalkulationsmethoden jedoch, dass hierbei der ausgeschriebenen Position nach dem Kostenverursacherprinzip die Kosten zuzu-ordnen sind, die durch diese Leistungen verursacht werden. Danach werden unterschiedliche Einzelkosten und Gemeinkosten definiert.

Unter den **Einzelkosten** sind die Kosten zu verstehen, die direkt einem (noch zu erwartenden) Auftrag zugerechnet werden können. Hierzu gehören mindestens die Baumaterialien, Bau-lohnkosten, Lohnnebenkosten und Sondereinzelkosten wie Gerüst-, Kran- und Nachunterneh-merkosten.

Die **Gemeinkosten** sind die Kosten, die nicht direkt dem evtl. Auftrag zugerechnet werden können. Diese werden nach einem Verteilerschlüssel auf die einzelnen Positionen umgelegt. Hierunter fallen dann die Gemeinkosten der Baustelle, allgemeine Geschäftskosten und Wag-nis und Gewinn.

Meist wird bei der Ermittlung der Lohnkosten mit dem **Mittellohn** kalkuliert. Dieser stellt den Mittelwert aller auf der Baustelle voraussichtlich entstehenden Lohnkosten je Arbeitsstunde dar. Hierbei werden wiederum unterschiedliche Mittellöhne differenziert, die abhängig davon sind, ob Sozialkosten, Lohnnebenkosten und Aufsichtskosten in die Berechnung eingegangen sind.

Für die Kalkulation einer Ausschreibung eines ÖAG sind von Bedeutung, der Mittellohn (ML), der Kalkulationslohn (KL) und der Verrechnungslohn (VL).

Hierbei addiert sich der ML mit den Lohnneben- und Lohnzusatzkosten zum KL. Auf den KL werden die Baustellengemeinkosten (BGK), die Allgemeinen Geschäftskosten (AGK) und Wagnis und Gewinn (W + G) hinzuaddiert, sodass hieraus der Verrechnungslohn (VL) ent-steht.

Für die die BGK, die AGK und W + G lassen sich nachfolgende Feststellungen treffen:[189]

---

[188] Dr. Heiko Fuchs, Kapellmann und Partner Rechtsanwälte
[189] http://www.din-bauportal.de

Baustellengemeinkosten (BGK)

Die BGK setzen sich aus verschiedenen Kostenarten zusammen, die aber den einzelnen Teilleistungen nicht direkt zugerechnet werden können. Sie fallen im Allgemeinen für die Baustelleneinrichtung (so für das Einrichten und Beräumen der Baustelle einschließlich An- und Abtransporte, Vorhaltung der Bereitstellungsgeräte, Kosten der Baustellenausstattung und ggf. örtliche Bauleitung) an. Mit der Ausschreibung wird durch den ÖAG entschieden, ob für die Baustelleneinrichtung gesonderte Positionen im Leistungsverzeichnis vorzusehen sind. Sofern besondere Positionen für diese Baustellenkosten (als Besondere Leistungen) oder Teile davon – in der Regel dann als eine Normalposition im Leistungsverzeichnis – ausgeschrieben sind, werden die anfallenden Kosten trotz ihres Gemeinkostencharakters wie Einzelkosten erfasst und behandelt.

Allgemeinen Geschäftskosten (AGK)

Die AGK tragen ausschließlich Gemeinkostencharakter und können den einzelnen Teilleistungen nur indirekt zugerechnet werden. Sie werden in ihrer Höhe vorrangig durch die Kostenarten der Kostenstellen Leitung und Verwaltung bestimmt.

Wichtige Positionen der AGK sind:

- Kosten der Geschäftsleitung und Verwaltung einschließlich Bürokosten, Gehälter, Büromiete, Heizung, Buchhaltung, technisches Büro, Reisekosten u. a.,
- Steuern und öffentliche Abgaben, wie Gewerbesteuer u. a.,
- Beiträge und Versicherungen,
- sonstige allgemeine Geschäftskosten, z. B. Rechtskosten, Patent- und Lizenzgebühren, Repräsentationskosten u. a.,
- Kalkulatorischer Unternehmerlohn (bei Einzelunternehmen und Personengesellschaften). Bei einem Einzelunternehmen ist das Gehalt des Unternehmers in fiktiver Höhe mit einzubeziehen (als kalkulatorischer Unternehmerlohn), weil er kein Gehalt bezieht. Wird dieser Posten bei einem Einzelunternehmer jedoch nicht in die AGK kalkulatorisch, d. h. fiktiv, eingerechnet, dann bliebe der Zuschlagssatz für AGK wesentlich geringer im Vergleich zu einem Bauunternehmen als Kapitalgesellschaft. Zum anderen wäre aber der Zuschlagssatz für Wagnis und Gewinn (W + G) dann um einen entsprechenden Betrag (fiktives Gehalt des Einzelunternehmers im Sinne der Privatentnahme aus dem Gewinn) höher.

Wagnis und Gewinn (W + G)

Wagnis und Gewinn sind keine selbstständigen, voneinander getrennt zu betrachtenden Begriffe. Der Ansatz für Wagnis und Gewinn (W + G) sollte als vorbestimmt „festgelegt" werden.

Das Wagnis entspricht einem Ansatz für zusätzliche Kosten, die zwar im Einzelnen noch unbekannt sind, deren Auftreten aber aufgrund langjähriger Erfahrungen mit Sicherheit zu erwarten ist, wie z. B.

- Aufwendungen aus Mängelansprüchen,
- Bauzeitverzögerungen durch äußere Einflüsse, z. B. Winter,
- Ausfall von bereits beauftragten preisgünstigen Nachunternehmern,
- unvorhergesehene Zwischenfälle, z. B. Überflutungen,
- Kalkulationsfehler.

Der Gewinn ist kein Kostenfaktor, sondern ein angemessenes Entgelt für die unternehmerische Leistung. Er dient zur Bildung von Rücklagen, für Neuinvestitionen und zum Privatverbrauch des Unternehmers (Einzelunternehmers).

Der Gewinn wird in der Regel zusammengefasst mit dem Wagnis in einem Prozentsatz errechnet. Die Höhe des Prozentsatzes wird aufgrund der unternehmerischen Zielsetzung in Abhängigkeit von der speziellen Marktsituation festgelegt.

Bei der Angebotskalkulation werden hier im Weiteren zwei unterschiedlichen Methoden differenziert.

5.3.1 Zuschlagskalkulation

Unternehmen, bei denen nach Art der ausgeführten Leistungen und Betriebsorganisation eine Trennung der Gemeinkosten nach BGK und AGK nicht zweckmäßig und wegen gleichartiger Kostenstruktur der Baustelle unnötig ist, können mit einem Gesamtzuschlag für alle Gemeinkosten und Wagnis und Gewinn rechnen.

Der Zuschlag wird nur einmal im Jahr aus der Betriebsbuchhaltung ermittelt und pauschal für das nächste Geschäftsjahr angewandt. Dadurch werden die Kosten gleichmäßig auf alle Aufträge umgelegt.

Regelmäßig werden nachfolgende Zuschläge, deren Grundlage die Einzelkosten sind, definiert:

- Materialgemeinkostenzuschlag, dieser wird aus dem Quotienten der jährlichen Materialgemeinkosten und Jahresmaterialsumme gebildet.
- Lohngemeinkosten, aus dem Quotienten aus jährlichen Lohngemeinkosten und der Jahreslohnsumme.
- Verwaltungsgemeinkostenzuschlag, aus dem Quotienten der Jahresverwaltungskosten und den Herstellkosten.
- W + G, meist zwischen 5 % bis 10 %, in konjunkturell schlechteren Phasen auch deutlich darunter.
- Sub-Unternehmer, nach deren Angeboten.

Der Vorteil dieser Kalkulation liegt in der einfacheren Ermittlung der Einheitspreise. Einmal errechnete Zuschläge werden direkt auf die einzelnen Kostenarten angewendet.

Schematische Vorgehensweise:

- Ermittlung von Mittellohn und Kalkulationslohn.
- Festlegung der Zuschlagssätze.
- Kalkulation der Einheitspreise aller Positionen durch Berechnung der Einzelkosten der Teilleistungen (EKT), welche sofort mit den bereits definierten Zuschlägen beaufschlagt werden.
- Die Netto-Angebotssumme entspricht der Summe der Einheitspreise aller Positionen.

Beispiel 1: Rohbauarbeiten (Ortbetonwand, Ortbeton-Sauberkeitsschicht, Fugenband)

Leistungsbeschreibung:

Pos.	Bezeichnung der Teilleistung	Menge	Einheit
1	Ortbetonwand	150	m³
2	Ortbeton-Sauberkeitsschicht	55	m³
3	Fugenband	110	m

Auflistung der einheitlich ermittelten Zuschläge:

	Lohn	Stoffkosten	Gerätekosten
BGK	7 %	7 %	
AGK	8 %	8 %	8 %
W + G	5 %	5 %	5 %
Gesamtzuschläge	**20 %**	20 %	13 %

Lohnkalkulation:

Mittellohn (ML)	=	15,50 €/h
Lohnzusatzkosten (85 % vom ML)	=	13,18 €/h
Lohnnebenkosten (10 % vom ML)	=	1,55 €/h
Σ = Kalkulationslohn (KL)	=	30,23 €/h
Gesamtzuschlag auf Lohn (**20 %** vom KL)	=	6,05 €/h
Σ = Verrechnungslohn (VL)	=	36,27 €/h

Ermittlung EKT:

Bezeichnung der Teilleistung	Mengen-einheit	Zeit-ansatz	Teilkosten ohne Zuschläge in € je Mengeneinheit			
			Löhne	Stoffe	Geräte	Sub.
Ortbetonwand	m³	1,5	45,34	71,13	20,48	
Ortbeton-Sauberkeitsschicht	m³	4	120,90	58,00		
Fugenband	m	1	30,23	19,10		

Ermittlung der EP mit Zuschlägen:

Bezeichnung der Teilleistung	Mengen-einheit	Zeit-ansatz	Teilkosten ohne Zuschläge in € je Mengeneinheit				angebo-tener Ein-heitspreis
			Löhne	Stoffe	Geräte	Sub.	
Ortbetonwand	m³	1,5	54,41	85,36	23,14		162,90
Ortbeton-Sauberkeitsschicht	m³	4	145,08	69,60			214,68
Fugenband	m	1	36,27	22,92			59,19

Ermittlung aller Teilkosten (jeweils das Produkt und Menge und Teilkosten je Mengeneinheit):

Bezeichnung der Teilleistung	Mengen-einheit	Zeit	Teilkosten ohne Zuschläge in €			
			Löhne	Stoffe	Geräte	Sub.
Ortbetonwand	m³	225	8.160,75	12803,4	3.471,36	
Ortbeton-Sauberkeitsschicht	m³	220	7.979,40	3.828,00		
Fugenband	m	110	3.989,70	2.521,20		
Σ		555	20.129,85	19.152,60	3.471,36	
Σ			42.753,81			

Ermittlung der Angebotssumme:

Pos.	Bezeichnung der Teilleistung	Menge	Einheit	EP	GP
1	Ortbetonwand	150	m³	162,90 €	24.435,00 €
2	Ortbeton-Sauberkeitsschicht	55	m³	214,68 €	11.807,40 €
3	Fugenband	110	m	59,19 €	6.510,90 €
	Σ Netto				**42.753,30 €**

Beispiel 2: Malerarbeiten

Leistungsbeschreibung:

Pos.	Bezeichnung der Teilleistung	Menge	Einheit
1	Vorhandene Tapete entfernen	125	m²
2	Tapezieren (Vliestapeten)	50	m²
3	Tapezieren (Raufaser)	75	m²

Auflistung der einheitlich ermittelten Zuschläge:

	Lohn	Stoffkosten	Gerätekosten
BGK	5 %	5 %	
AGK	3 %	3 %	3 %
W + G	10 %	5 %	5 %
Σ Gesamtzuschläge	**18 %**	13 %	13 %

Lohnkalkulation:

Mittellohn (ML)	=	11,75 €/h
Lohnzusatzkosten (85 % vom ML)	=	9,99 €/h
Lohnnebenkosten (10 % vom ML)	=	1,18 €/h
Σ = Kalkulationslohn (KL)	=	22,91 €/h
Gesamtzuschlag auf Lohn	=	4,12 €/h
Σ = Verrechnungslohn (VL)	=	27,04 €/h

Ermittlung EKT:

Bezeichnung der Teilleistung	Mengen-einheit	Zeit-ansatz	Teilkosten einschließlich Zuschläge in € je Mengeneinheit			
			Löhne	Stoffe	Geräte	Sub.
Tapete entfernen	m²	0,5	11,46	0,25		
(Vliestapeten)	m²	0,33	7,56	8,00		
(Raufaser)	m²	0,2	4,58	4,00		
Gesamtstunden	= 125 × 0,5 + 50 × 0,33 + 75 × 0,2 = 94,00 h					
Gesamtstoffkosten	= 125 × 0,25 + 50 × 8,00 + 75 × 4,00 = 95,65 €					

Ermittlung der EP mit Zuschlägen:

Bezeichnung der Teilleistung	Mengen-einheit	Zeit-ansatz	Teilkosten einschließlich Zuschläge in € je Mengeneinheit				angebo-tener Ein-heitspreis
			Löhne	Stoffe	Geräte	Sub.	
Tapete entfernen	m²	0,5	13,52	0,28			13,80
(Vliestapeten)	m²	0,33	8,92	9,04			17,96
(Raufaser)	m²	0,2	5,41	4,52			9,93

Ermittlung der Angebotssumme:

Pos.	Bezeichnung der Teilleistung	Menge	Einheit	EP	GP
1	Tapete entfernen	125	m²	13,80 €	1.725,00 €
2	(Vliestapeten)	50	m²	17,96 €	898,00 €
3	(Raufaser)	75	m²	9,93 €	744,75 €
	Netto Summe				**3.367,75 €**

5.3.2 Kalkulation über die Angebotssumme

Die Vorgehensweise beruht zunächst – wie zuvor – auf der Ermittlung der Einzelkosten der Teilleistung, bezieht dann aber die objektkonkreten BGK in die Herstellkosten des Bauvorhabens ein. Zudem werden die umzulegenden AGK in der Regel „umsatzbezogen" betriebsindividuell ermittelt.

Damit werden exakt die Kosten berechnet, die die besonderen Verhältnisse jeder einzelnen Baustelle berücksichtigen. Nach Ermittlung der Kosten werden die Gemeinkosten aufgespalten in BGK und AGK und damit für jedes Angebot gesondert ermittelt.

Die Ermittlung der EP erfolgt erst, wenn alle Kostendaten in die Ermittlung der Angebotssumme eingeflossen sind.

Die exakte Kostenermittlung ist der wesentliche Vorteil dieser Methode, damit wird das Kalkulationsrisiko minimiert.

Schematische Vorgehensweise:

- Ermittlung von Mittellohn und Kalkulationslohn.
- Kalkulation der Einzelkosten der Teilleistungen (EKT) für alle Positionen, jedoch noch keine Ermittlung der Einheitspreise.
- Aufsummieren der Einzelkosten der Teilleistungen (EKT) aller Positionen.
- Individuelle (= baustellenbezogene) Berechnung von Baustellengemeinkosten (BGK), Allgemeinen Geschäftskosten sowie Wagnis und Gewinn.
- Ermittlung der Angebotssumme durch Addition von EKT' und Gemeinkosten.
- Umlage der Gemeinkosten auf die einzelnen Kostenarten und Ermittlung der Zuschlagsätze. Die Umlagesätze sind betriebsspezifisch und ggf. auftragsindividuell zu prüfen und festzulegen, und zwar unter Berücksichtigung der Bauleistungsstruktur und der Bauleistungsparte wie Hochbau, Tiefbau u. a. des jeweiligen Bauauftrags.

Die Regelumlagesätze für die Verteilung der Gemeinkosten und des Gewinns auf die einzelnen Kostenarten liegen in den Spannen:

- ca. 7 bis 20 % auf Stoffkosten,
- ca. 7 bis 15 % auf Gerätekosten,
- ca. 5 bis 15 % auf Hilfs- und Betriebsstoffe,
- ca. 5 bis 12 % auf Sonstige Kosten und
- ca. 5 bis 15 % auf Fremdleistungen.
- Beaufschlagung der EKT aller Positionen mit den ermittelten Zuschlagssätzen und Berechnung der Einheitspreise für alle Positionen.

Dieses Verfahren bietet den Vorteil, dass höhere Kalkulations- und Kostensicherheit durch individuelle Ermittlung der Gemeinkosten für jedes einzelne Bauvorhaben erreicht werden. Nachteilig ist hingegen der höhere Aufwand für Vorermittlung und Kalkulation.

Rundungsdifferenzen entstehen dabei aus der Rundung zur Mittellohnberechnung auf Cent sowie der Gesamtstunden. Maßgeblich für den ÖAG ist die Angebotssumme, die sich aus den EP und Massen ergibt.

TIPP

Wurde so kalkuliert, hat der ÖAG mit der Vorlage von Nachträgen und deren Preisdiskussion keine Möglichkeit, an der Nachtragskalkulation zu zweifeln. Getreu dem Grundsatz: Eine andere Vergütung ist unter Berücksichtigung der Mehr- oder Minderkosten der Angebotskalkulation zu ermitteln.

Beispiel 3: Rohbauarbeiten (Ortbetonwand, Ortbeton-Sauberkeitsschicht, Fugenband)

Leistungsbeschreibung:

Pos.	Bezeichnung der Teilleistung	Menge	Einheit
1	Ortbetonwand	125	m³
2	Ortbeton-Sauberkeitsschicht	75	m³
3	Fugenband	130	m

Ermitteln der EKT

Pos.	Menge	h/Einheit	Kosten in €/Einheit				Gesamtkosten in €[190]		
			Lohn[191]	Stoff[192]	Geräte	h	Lohn	Stoff	Geräte
1	125	1,5	45,34	71,13	20,48	187,5	5.667,19	8.891,25	2.560,00
2	75	4	120,90	58,00		300	9.067,50	4.350,00	
3	130	1	30,23	19,10		130	3.929,25	2.483,00	
Σ							18.663,94	15.724,25	2.560,00
Σ EKT									36.948,19

Ermittlung Zuschlagskosten:

BGK	Hier sind die speziellen Verhältnisse der Baustelle zu berücksichtigen, wie Lohnkosten, Gehaltskosten, Vorhaltung und Reparatur, Ausführungsbearbeitung und evtl. baustellenspezifische Versicherungen.				4.000,00
AGK	36.948,19 €	×	8,00 %	=	2.955,86
W + G	36.948,19 €	×	5,00 %	=	1.847,41

Σ aller Teilleistungen (Angebotsgesamtsumme)   45.751,45

Berechnung der Umlage auf die Einzelkosten:

Δ Angebotsgesamtsumme Σ EKT: 8.803,26

Lohn[193]	Stoffe (7 bis 20 %)[194]	Geräte (7 bis 15 %)	
29,94 %	18,00 %	15,00 %	
5.588,90	2.830,37	384,00	8.803,26

Ermittlung des VL

$$KL = \quad 23,40 \quad + \; 29,94 \,\% \qquad\qquad = \quad 30,41 \; €/h$$

---

[190] Produkt aus Kosten je Einheit und Menge

[191] Produkt aus h/Einheit x KL

[192] Materialkosten

[193] Die Umlage errechnet sich aus Δ Angebotsgesamtsumme Σ EKT abzgl. Stoffe- und Gerätekosten. Der Prozentsatz aus dem Quotient des Lohnbetrags und der Σ EKT.

[194] In dieser Spanne sind die Prozentsätze erfahrungsgemäß anzusetzen.

Ermittlung der EP:

Bezeichnung der Teilleistung	Mengen-einheit	Zeit-ansatz	Teilkosten einschließlich Zuschläge in € je Mengeneinheit[195]				angebo-tener Ein-heitspreis
			Löhne	Stoffe	Geräte	Sub.	
Ortbetonwand	m³	1,5	58,91	83,93	23,55		166,40
Ortbeton-Sauberkeitsschicht	m³	4	157,1	68,44			225,54
Fugenband	m	1	39,28	22,54			61,81

Ermittlung der Angebotssumme:

Pos.	Bezeichnung der Teilleistung	Menge	Einheit	EP	GP
1	Ortbetonwand	125	m³	166,40 €	20.800,00 €
2	Ortbeton-Sauberkeitsschicht	75	m³	225,54 €	16.915,50 €
3	Fugenband	130	m	61,81 €	8.035,30 €
	Netto Summe				**45.750,80 €**
	Δ zur obigen Summe				**– 0,65 €**
	Δ in %				**0,00 %**

Zusammensetzung der Umlagesummen:

Umlage gesamt		BGK[196] 10,83 %	AGK 8,00 %	W + G 5,00 %
Lohnkosten	5.588,90	2.539,47	1.876,57	1.172,86
Stoffkosten	2.830,37	1.286,05	950,35	593,97
Gerätekosten	384,00	174,48	128,93	80,58

Beispiel 4: Stützwand

Leistungsbeschreibung:

Pos.	Bezeichnung der Teilleistung	Menge	Einheit
1	Erdaushub	1500	m³
2	Ortbeton	750	m³

---

[195] Die EKT werden um die Prozente der Umlagen erhöht
[196] Quotient aus Σ EKT und Ermittlung BGK

Pos.	Bezeichnung der Teilleistung	Menge	Einheit
3	Schalung	1800	m²
4	Bewehrung	25	t

Lohnkalkulation:

Mittellohn (ML)	=	16,50 €/h
Lohnzusatzkosten	=	14,36 €/h
Lohnnebenkosten	=	0,72 €/h
Σ = Kalkulationslohn (KL)	=	31,58 €/h

Ermitteln der EKT auf Basis des KL:

Pos.	Menge	h/Einheit	Kosten in €/Einheit				h	Gesamtkosten in €			
			Lohn	Stoff	Geräte	Sons-tiges		Lohn	Stoff	Geräte	Sons-tiges
00	,14		4,42	4,18	1,48		210	6.632	6.273	2.220	0
50	,83		26,21	101,45	0,00	23,28	22,5	19.659	76.091		17.461
00	,89		28,11	9,70	0,00		602	50.591	17.460		
5	,00		505,28	1.070,91	0,00		400	12.632	26.773		
EKT							2834,5	89.514	126.596	2.220	17.461
Σ EKT								235.791,19			

Ermittlung Zuschlagskosten:

BGK	Hier sind die speziellen Verhältnisse der Baustelle zu berücksichtigen, wie Lohn- + Gehaltskosten, Vorhaltung + Reparatur, Ausführungsbearbeitung und evtl. baustellenspezifische Versicherungen. % **wird zurückgerechnet.**		10,60 %	=	25.000,00
AGK	235.791,19 €	×	7,50 %	=	17.684,34
W + G	235.791,19 €	×	5,00 %	=	11.789,56

Σ Zuschlagskosten

Σ aller Teilleistungen (Angebotsgesamtsumme) 290.265,08

Berechnung der Umlage auf die Einzelkosten:

Δ Angebotsgesamtsumme zu Σ EKT:				54.473,90
Lohn (abhängig)	Stoffe (7 bis 20 %)	Geräte (7 bis 15 %)	Sonstiges (7 bis 15 %)	
37,3187 %	15,00 %	15,00 %	10,00 %	
33.405,31	18.989,45	333,00	1746,14	54.473,90

Ermittlung des VL

$$KL = \quad 31,58 \quad + \quad 37,32 \% \qquad\qquad = \quad 43,37 \text{ €/h}$$

Ermittlung der EP:

Bezeichnung der Teilleistung	Mengen-einheit	Zeit-ansatz	Teilkosten einschließlich Zuschläge in € je Mengeneinheit				angebotener Einheitspreis
			Löhne	Stoffe	Geräte	Sonstiges	
Erdaushub	m³	1500	6,07	4,81	1,70	0,00	12,58
Ortbeton	m³	750	35,99	116,67	0,00	25,61	178,28
Schalung	m²	1800	38,6	11,16	0,00	0,00	49,75
Bewehrung	t	25	693,84	1.231,55	0,00	0,00	1.925,39

Ermittlung der Angebotssumme:

Pos.	Bezeichnung der Teilleistung	Menge	Einheit	EP	GP
1	Erdaushub	1500	m³	12,58 €	18.873,31 €
2	Ortbeton	750	m³	178,28 €	133.706,86 €
3	Schalung	1800	m²	49,75 €	89.550,14 €
4	Bewehrung	25	t	1.925,39 €	48.134,77 €
	Netto Summe				**290.265,08 €**
	Δ zur obigen Summe				0,00 €
	Δ in %				0,00 %

5.4   Einheitliche Formblätter Preis

Die früher als EFB-Preis (Einheitliche Formblätter Preis) benannten Formblätter des Bundes gelten als Hilfsmittel für die Bewertung von Angeboten, besonders für die Beurteilung der Angemessenheit der einzelnen Preisbestandteile wie Lohn-, Stoff-, Gemeinkosten etc. Sie wurden bereits 1986 verbindlich gegenüber den Oberfinanz- und Baudirektionen eingeführt und sind in den VHB (siehe Ziff. 4.1) enthalten. Die Bedeutung, die den EFB-Preis zur Beurteilung der Angebote und zunehmend auch zur Erläuterung von Nachtragsangeboten zukommt, zwingt den Bieter zu einer eingehenden Beschäftigung mit diesen Instrumenten der Baupreiskalkulation.

Mit der Überarbeitung des VHB Bund wurde die Bezeichnung „EFB-Preis" aufgegeben. Nunmehr sind die Formblätter 221 oder 222 und 223 zu bearbeiten.

Werden in den Ausschreibungsunterlagen Erklärungen nach den Formblättern zwingend gefordert, dann sollen diese Erklärungen für die Vergabeentscheidung relevant sein, sodass die Nichtabgabe dieser Erklärungen mit dem Angebot vor 2009 zwingend zum Ausschluss von der Wertung führt.[197]

Bei diesen Formblättern handelt es sich um die Erklärung des Bieters, wie er seinen Preis ermittelt hat, sodass die Unterlagen innerhalb von 6 KT gemäß § 16 Abs. 1 Nr. 3 VOB/A vom ÖAG nachzufordern sind. Erst mit Fristablauf ist das Angebot von der Wertung wegen Verstoß gegen § 13 Abs. 1 Nr. 4 VOB/A auszuschließen.

Hierbei werden verlangt:

- Angaben zur Kalkulation mit vorbestimmten Zuschlägen (221) oder über die Endsumme (222) und
- Aufgliederung der Einheitspreise (223).

Im Vergabehandbuch wird unter Richtlinien zu 223 angeführt, dass die Formblätter den Vergabeunterlagen beizufügen sind, und zwar

- zur Beurteilung der Angemessenheit der preisbestimmenden Positionen, wenn die voraussichtliche Angebotssumme mehr als 50 000 € (ohne Differenzierung nach Bauhaupt- und Ausbaugewerbe) betragen wird oder
- wenn die voraussichtliche Auftragssumme 100 000 € übersteigt, sind alle Positionen in den Formblättern anzugeben.

Die EFB-Preis dienen:

- vor der Vergabe zur Aufklärung der Angebotsinhalte nach § 15 VOB/A und
- nach der Vergabe zur Prüfung und Wertung von Nachträgen nach **§ 2 VOB/B**.

Zu Nachtragsforderungen und -vereinbarungen kommt es überwiegend bei größeren Bauaufträgen. Dafür ist die Beurteilung der Angemessenheit der angebotenen Preise – beispielsweise auch wegen der Eigenart der Bauleistung – von größerer Bedeutung gegenüber wertmäßig kleineren Verträgen.

Wurde die Angebotskalkulation ähnlich wie in Ziff. 5.3.1 oder 5.3.2 vorgenommen, so müssen die Werte lediglich auf die Formblätter übertragen werden.

---

[197] BGH Urteil vom 7. Juni 2005 - XZR 19/02

221

Bieter:	Vergabenummer	Datum

Baumaßnahme:

Leistung:

Malerarbeiten

Angaben zur vorbestimmten Zuschlägen

1.	Angaben über Verrechnungslohn	Zuschlag %	€/h
1.1	**Mittellohn ML** einschl. Lohnzulagen u. Lohnerhöhung, wenn keine Lohngleitklausel vereinbart wird		11,75
1.2	**Lohnzusatzkosten** Sozialkosten, Soziallöhne und lohnbezogene Kosten, als Zuschlag auf **ML**	85,00	9,99
1.3	**Lohnnebenkosten** Auslösungen, Fahrgelder, als Zuschlag auf **ML**	10,00	1,18
1.4	**Kalkulationslohn KL** (Summe 1.1. bis 1.3)		22,91
1.5	**Zuschlag auf Kalkulationslohn VL** (aus Zeile 2.4, Spalte 1)	18,00	4,12
1.6	**Verrechnungslohn VL** (Summe 1.4 und 1.5, VL im Formblatt 223 berücksichtigen)		27,04

2.	**Zuschläge auf die Einzelkosten der Teilleistungen = unmittelbare Herstellungskosten**					
		Zuschläge in % auf				
		Lohn	Stoffkosten	Gerätekosten	Sonstige Kosten	Nachunter-nehmerleist.
2.1	Baustellengemeinkosten	5,00	5,00			
2.2	Allgemeine Geschäftskosten	3,00	3,00	3,00		
2.3	Wagnis und Gewinn	10,00	5,00	5,00		
2.4	Gesamtzuschläge	18,00	13,00	8,00	0,00	0,00

Quelle: VHB 2008 - Bund - Stand Mai 2010

1 von 2

Bild 5-2   VHB Formblatt 221, Seite 1

221

3.	Ermittlung der Angebotssumme	Einzelkosten d. Teilleistungen = unmittelbare Herstellungskosten €	Gesamt- zuschläge gem. 2.4 %	Angebotssumme €
3.1	**Eigene Lohnkosten** Verrechnungslohn (1.6) x Gesamtstunden			

27,04	x	**94,00**		2.541,45

3.2	**Stoffkosten** (einschl. Kosten für Hilfsstoffe)	731,25	13,00	826,31
3.3	**Gerätekosten** (einschließlich Kosten für Energie und Betriebsstoffe)		8,00	
3.4	**Sonstige Kosten** (vom Bieter zu erläutern)			
3.5	**Nachunternehmerleistungen** [1]			

Angebotssumme ohne Umsatzsteuer				3.367,77

1) Auf Verlangen sind für diese Leistungen die Angaben zur Kalkulation der(s) Nachunternehmer(s) dem Auftraggeber vorzulegen.

eventuelle Erläuterungen des Bieters:

frei einzugebender Text

Quelle: VHB 2008 - Bund - Stand Mai 2010

2 von 2

Bild 5-3   VHB Formblatt 221, Seite 2

223

Aufgliederung der Einheitspreise

Bieter   Vergabenummer   Datum

Baumaßnahme

Angebot für

OZ des LV[1]	Kurzbezeichnung der Teilleistung[1]	Mengen-einheit	Zeit-ansatz Stun-den[2]	Teilkosten einschl. Zuschläge in€ (ohne Umsatzsteuer) je Mengeneinheit[2]			
				Löhne[2]	Stoffe[2]	Geräte / Sonstiges [2] [3]	Angebotener Einheitspreis (Sp. 5+6+7)
1	2	3	4	5	6	7	8
1	Tapete entfernen	125,00	0,50	13,52	0,28		13,80
2	(Vließtapeten)	50,00	0,33	8,92	9,04		17,96
3	(Raufaser)	75,00	0,20	5,41	4,52		9,93

Bild 5-4   VHB Formblatt 223

Beispiel 2, Stützwand

222

Angaben zur Kalkulation über die Endsumme

Bieter	Vergabe-Nr.
	Datum

Baumaßnahme

Angebot für

1.	Angaben über den Verrechnungslohn			Lohn €/h
1.1	**Mittellohn ML** einschl. Lohnzulagen u. Lohnerhöhung, wenn keine Lohngleitklausel vereinbart wird			16,50
1.2	**Lohnzusatzkosten** Sozialkosten, Soziallöhne und lohnbezogene Kosten			14,36
1.3	**Lohnnebenkosten** Auslösungen, Fahrgelder			0,72
1.4	**Kalkulationslohn KL** (Summe 1.1 bis 1.3)			31,58

Berechnung des Verrechnungslohnes nach Ermittlung der Angebotssumme (vgl. Blatt 2)

1.5	**Umlage auf Lohn** (Kalkulationslohn x v. H. Umlage aus 2.1)	31,58 €/h	37,90 v.H.	11,97
1.6	**Verrechnungslohn VL** (Summe 1.4 und 1.5)			43,55

eventuelle Erläuterungen des Bieters:

frei einzugebender Text

1 von 2

Quelle: VHB 2008 - Bund - Stand Mai 2010

Bild 5-5 VHB Formblatt 222

222

Ermittlung der Angebotssumme	Betrag €	Gesamt €		Umlage Summe 3 auf die Einzelkosten für die Ermittlung der EH-Preise	
2 Einzelkosten der Teilleistungen = unmittelbare Herstellungskosten					
2.1 Eigene Lohnkosten Kalkulationslohn (1.4) x Gesamtstunden:				%	€
31,58 x 2.834,50	89.513,51		x	37,90	33.929,18
2.2 Stoffkosten (einschl. Kosten für Hilfsstoffe)	126.596,00		x	15,00	18.989,40
2.3 Gerätekosten (einschl. Kosten für Energie und Betriebs- stoffe)	2.220,00		x	15,00	333,00
2.4 Sonstige Kosten (Vom Bieter zu erläutern)	17.461,65		x	7,00	1.222,32
2.5 Nachunternehmerleistungen [1]			x		
Einzelkosten der Teilleistungen (Summe 2)				noch zu ver- teilen	54.473,90
3 Baustellengemeinkosten, Allgemeine Geschäftskosten, Wagnis und Gewinn					
3.1 Baustellengemeinkosten (soweit hierfür keine besonderen Ansätze im Leistungsverzeichnis vorgesehen sind)					
3.1.1 Lohnkosten einschließlich Hilfslöhne					
Bei Angebotssummen unter 5 Mio €: Angabe des Betrages	10.000,00				
Bei Angebotssummen über 5 Mio €: Kalkulationslohn (1.4) x Gesamtstunden: x					
3.1.2 Gehaltskosten für Bauleitung, Abrechnung Vermessung usw.	7.500,00				
3.1.3 Vorhalten und Reparatur der Geräte und Ausrüstungen, Energieverbrauch, Werkzeuge und Kleingeräte, Materialkosten für	2.500,00				
3.1.4 An- u. Abtransport der Geräte u. Ausrüstun- gen, Hilfsstoffe, Pachten usw.	2.500,00				
3.1.5 Sonderkosten der Baustelle, wie techn. Ausführungsbearbeitung, objektbezogene Versicherungen usw.	2.500,00				
Baustellengemeinkosten (Summe 3.1)	25.000,00				
3.2 Allgemeine Geschäftskosten (Summe 3.2)	17.684,34				
3.3 Wagnis und Gewinn (Summe 3.3)	11.789,56				
Umlage auf die Einzelkosten (Summe 3)					54.473,90
Angebotssumme ohne Umsatzsteuer (Summe 2 und 3)	290.265,06				

1) Auf Verlagen sind für diese Leistungen die Angaben zur Kalkulation der(s) Nachunternehmer(s) dem Auftraggeber vorzulegen.

Quelle: VHB 2008 - Bund - Stand Mai 2010

2 von 2

Bild 5-6   VHB Formblatt 222, Seite 2

5.5 Urkalkulation

Oft verlangt der ÖAG, dass mit Abgabe des Angebots auch eine Urkalkulation vorgelegt und hinterlegt wird, in der Regel in einem verschlossenen Umschlag. Inhaltlich entspricht die Urkalkulation der Dokumentation der Kalkulation mit den Kalkulationsansätzen, die dem Angebot bzw. in der Folge dem Vertrag zum Zeitpunkt des Vertragsabschlusses zugrunde liegt. Sie ist dann im Streitfall die Unterlage, aus der alle nötigen Angaben erfolgen, um z. B. neue Preise auf Grundlage der bei der Urkalkulation verwendeten Zuschläge bilden zu können. Die Öffnung wird in der VOB/B an vielen Stellen angesprochen und dadurch auch geregelt, z. B. die Preisbildung unter Berücksichtigung der Mehr- oder Minderkosten aus § 2 Abs. 5 VOB/B. Im Einzelfall kann das für den Bieter/Auftragnehmer nur Vorteile haben. Der ÖAG kann gegen die Urkalkulation, die zurückgelegt war, nicht den Einwand vorbringen, sie wäre manipuliert.

Hierzu ist es jedoch erforderlich, dass die Urkalkulation noch vor der Erteilung des Zuschlags versiegelt beim ÖAG hinterlegt wird. Dies kann z. B. im Rahmen eines Aufklärungsgespräches erfolgen.[198] Der späteste Zeitpunkt wird mit der Bestätigung des Zuschlags durch den Auftragnehmer gegeben sein.

Wurde die Vorlage der Urkalkulation im Rahmen der Ausschreibung verlangt, so geht die weitgehende Rechtsprechung[199] davon aus, dass die Nichtvorlage dennoch nicht zum Ausschluss aus dem Verfahren führt, da die Urkalkulation nicht wettbewerbsentscheidend ist.[200]

Die Urkalkulation darf vom ÖAG jederzeit geöffnet werden. Der Bieter/Auftragnehmer ist darüber zu informieren und ihm ist freigestellt, an der Öffnung teilzunehmen.

Der ÖAG kann von der Urkalkulation Kopien anfertigen, die er nach Klärung einer Nachtragsforderung jedoch nicht vernichten muss.[201] Weiterhin darf er die Urkalkulation an Dritte (z. B. Architekten) zur Überprüfung von Nachtragsforderungen weiterleiten. Dem Auftragnehmer kann nur geraten werden, durch schriftliche Vereinbarung die Vertraulichkeit der Urkalkulation durch ausdrückliche Regelung zu gewährleisten, z. B. die Fertigung von Kopien ausdrücklich zu untersagen sowie die sofortige Wiederverschließung nach Nachtragsprüfung im Beisein des Auftragnehmers zu vereinbaren.[202]

Eine Urkalkulation ist im Ergebnis nur eine bieterspezifische Aufstellung des Inhaltes, der auch in den EFB-Preisblättern behandelt wird.[203] Die Formblätter EFB-Preis stellen jedoch keine Urkalkulation dar, können jedoch hilfsweise herangezogen werden.

Wird die Urkalkulation verlangt und fehlt diese, ist das Angebot zwingend auszuschließen, wenn der Bieter der Nachforderungsaufforderung nicht entsprach. Denn die Gleichbehandlung der Bieter ist nur gewährleistet, wenn alle Angebote die geforderten Erklärungen enthalten. Darauf, ob es sich um wettbewerbserhebliche Erklärungen handelt, kommt es nicht an.[204]

---

[198] Weyand, Vergaberecht, Stand: 28.04.2008, § 24 Rdn. 5236

[199] VÜA Hessen 09.01.1998 - VÜA 7/97 und BGH 18.02.2003 - X ZB 43/02;

[200] Die Wertbarkeit unvollständiger Angebote, Langaufsatz von RA Dr. Thomas Ax, Maître en Droit (Paris X-Nanterre) und RA Pablo Rohrlapper, Kanzlei Ax, Schneider & Kollegen, Neckargemünd

[201] OLG München, Urteil vom 16.01.2007 - 27 W 3/07 | BGB § 242 | IBR 2007 468

[202] Aus der Entscheidungsbesprechung RA Klaus Depold, Frankfurt am Main | IBR 2007 468

[203] OLG Karlsruhe, Beschluss vom 04.05.2007 (17 Verg 5/07)

[204] So die VK Baden-Württemberg in ihrem Beschluss vom 19.03.2007

Wird die Urkalkulation erst dann verlangt, wenn über Nachträge i. S. d. § 2 VOB/B verhandelt wird und der Auftragnehmer erklärt, dass er eine solche nicht vorlegen könne, so kann es dazu kommen, dass die Kalkulationsansätze geschätzt werden dürfen.[205]

Der wesentliche Unterschied zur in Ziff. 5.3 dargestellten Kalkulation ist die erweiterte Berechnung, die auch die Zusammensetzung der Stoff-, Geräte- und weiterer Kosten offenbart.

5.6 Kosten der Angebotsbearbeitung

Die Kostenerstattungsansprüche werden in § 8 Abs. 8 VOB/A normiert. Dem Bieter steht nur dann eine Entschädigung für die Angebotsbearbeitung zu, wenn er auf Verlagen des ÖAG Entwürfe, Pläne, Zeichnungen, statische Berechnungen, Mengenberechnungen oder andere Unterlagen ausarbeitet. **Generell** gilt jedoch, dass dem Bieter **keine Entschädigung** zusteht.[206]

Die fehlende Entschädigung beruht darauf, dass das Angebotsverfahren so gestaltet werden soll, dass der Bewerber (nur noch) die Preise in die Leistungsbeschreibung einsetzen oder anderweitig im Angebot angeben muss, die er für seine Leistungen fordert.[207] Hierzu wird von der Norm vorausgesetzt, dass der Auftraggeber die Leistung eindeutig und so erschöpfend zu beschreiben hat, dass alle Bewerber ihre Preise sicher und ohne umfangreiche Vorarbeiten berechnen können.

Grundvoraussetzung für das Entstehen einer Entschädigungspflicht ist, dass der ÖAG die Ausarbeitung[208] oder sonstige besondere Unterlagen verlangt.[209] Damit werden diejenigen Teile der Angebotsbearbeitung von der Entschädigungspflicht ausgenommen, die der Bieter ausschließlich aus eigenem Antrieb zur Erläuterung seines Angebotes (z. B. Bauzeitenplan, Zeichnungen etc. zur Erläuterung des Angebotes sowie Nebenangebote und Alternativvorschläge, die vom Auftraggeber zugelassen, aber nicht verlangt worden sind) erstellt und beifügt.[210]

Unstrittig besteht die Entschädigungspflicht dann, wenn der ÖAG auf der Grundlage funktionaler Leistungsbeschreibung ausschreibt. Daraus wird deutlich, dass die Entschädigungspflicht materiell immer dann entsteht, sobald der Auftraggeber in der Ausschreibung Aufgaben auf die Bieter verlagert, die ihm und nicht dem Bieter obliegen. Legt der Auftraggeber in der Ausschreibung keine Entschädigung fest, schließt dies für den Bieter materiell den Anspruch hierauf nicht aus.[211]

---

[205] OLG Koblenz, Urteil vom 24.05.2006 - 6 U 1273/03, IBR 2008 Heft 10
[206] Wurde im Zuge der Schuldrechtsmodernisierung in § 632 Absatz 3 BGB geregelt.
[207] Im Grundsatz aus § 6 Nr. 1 VOB/A
[208] Vgl. Ingenstau/Korbion/Kratzenberg VOB/A § 20 Rdn. 13.
[209] Kuß VOB/A § 20 Rdn. 12; Heiermann/Riedl/Rusam VOB/A § 20 Rdn. 12.
[210] Vgl. Ingenstau/Korbion/Kratzenberg VOB/A § 20 Rdn. 13 sowie Völlink/Kehrberg § 20 Rdn. 11.
[211] Kapellmann/Messerschmidt, VOB Teile A und B, 2. Auflage 2007, VOB/A § 20, Rdn. 13

Anforderung eines Entschädigungsentgelts

Sehr geehrte Damen und Herren,

Zu Ihrer Ausschreibung mit Leistungsprogramm _____ haben wir Ihnen unser Angebot vom _____ rechtzeitig zum Eröffnungstermin am _____ zugesandt. Da Sie uns bislang noch nicht mitteilten, wie hoch Ihre angemessene Entschädigung für unsere Ausarbeitungen ausfällt, setzen wir Ihnen eine Frist von 14 Tagen zur Mitteilung über die Höhe. Nach unseren Berechnungen beläuft sich unser Aufwand auf ca. 1.500 €/netto.

Sollten wir nach Ablauf der Frist keine Antwort von Ihnen erhalten haben, so erlauben wir uns dann, Ihnen eine Rechnung über v. g. Betrag einzureichen.

Mit freundlichen Grüßen

Bieter

Bild 5-7   Mustertext 7: Forderung einer Aufwandsentschädigung

6 Nach der Angebotsbearbeitung

6.1 Ausschlussgründe

- Enthält ein Angebot hinsichtlich eines EP einen klar und eindeutig formulierten Preisvorbehalt z. B. mit dem Wortlaut: „inkl. Barrierefreiheit, Preisvorbehalt wegen fehlender Konkretisierung der Anforderungen", handelt es sich um eine unzulässige Änderung (VK Hamburg, B. v. 13. 4. 2007 – Az.: VgK FB 1/07).

- Ist sowohl in der Vergabebekanntmachung als auch in den Vergabeunterlagen gefordert, dass der Bieter sich nur auf ein Los bewerben darf, und wird in den Vergabeunterlagen darauf hingewiesen, dass die Abgabe von mehr als einem Los zum zwingenden Ausschluss führt, ändert ein Bieter, der die Vergabeunterlagen (1. VK Sachsen, B. v. 14. 3. 2007 – Az.: 1/SVK/006-07).

- Definiert der ÖAG als Arbeitstage auch die Samstage und fordert ein Bieter Zuschläge für Samstagsarbeit, ändert er die Vergabeunterlagen; das Angebot ist zwingend auszuschließen (VK Saarland, B. v. 15. 3. 2006 – Az.: 3 VK 2/2006).

- Benutzt ein Bieter bei seinem Angebot veraltete Vergabeunterlagen, ändert er die Vergabeunterlagen (OLG Düsseldorf, B. v. 28.07.2005 - Az.: Verg 45/05).

- Ergänzt ein Bieter die in der Leistungsbeschreibung geforderten Leistungen eigenständig um weitere Leistungen, ändert er das Angebot und ist auszuschließen. (1. VK Sachsen, B. v. 21. 12. 2004 – Az.: 1/SVK/112-04).

- Legt ein ÖAG fest, dass die Bezahlung nach Lieferung und Abnahme erfolgt und Abschlags-, Zwischenzahlungen oder Vorauskasse ausgeschlossen sind und bietet ein Bieter als Zahlungsbedingung „20 % Anzahlung bei Vertragsabschluss" an, ändert er somit die Zahlungsbedingungen des ÖAG ab; das Angebot ist auszuschließen (VK Nordbayern, B. v. 11. 2. 2005 – Az.: 320.VK-3194-51/04).

- Trägt ein Bieter in Positionen des Leistungsverzeichnisses „bauseits" ein, bedeutet dies, dass die Leistung durch den ÖAG zu erfolgen hat; damit wird ein Teil der ausgeschriebenen Leistung, anders als in den Vergabeunterlagen vorgesehen, auf den ÖAG verlagert, sodass dies zum Ausschluss führt (VK Thüringen, B. v. 22. 3. 2005 – Az.: 360-4002.20-002/05-MGN).

- Bietet ein Bieter statt eines festen Gesamtpreises auf der Grundlage einer „unverbindlichen" jährlichen Aufwandsschätzung einen „voraussichtlichen" Gesamtaufwand an, ist das Angebot zwingend auszuschließen (OLG Düsseldorf, B. v. 03. 1. 2005 – Az.: Verg 82/04).

- Die Anmerkung eines Bieters in seinem Begleitschreiben, das dem Angebot beiliegt und in dem ausgeführt wird, dass die aufgeführten Preise Gültigkeit bis zu einem bestimmten Datum besitzen, verstößt gegen den Grundsatz der Abgabe klarer und eindeutiger Angebote, das Angebot ist auszuschließen. (VK Baden-Württemberg, B. v. 21. 12. 2004 – Az.: 1 VK 83/04).

- Mit dem Zusatz „(NCS – ohne genaue Farbangabe lt. Hersteller nicht anbietbar!)" macht der Bieter deutlich, dass er der Forderung des ÖAG nicht entsprechen will oder kann; bietet er stattdessen einen RAL-Farbton an, ändert er die Angebotsunterlagen (VK Schleswig-Holstein, B. v. 13. 12. 2004 – Az.: VK-SH-33/04).

- Die Änderung der Parameter einer Preisgleitklausel stellt eine unzulässige Änderung der Vergabeunterlagen dar (VK Baden-Württemberg, B. v. 23. 2. 2004 – Az.: 1 VK 3/04; VK Südbayern, B. v. 17. 2. 2004 – Az.: 03-01/04).

- Das Streichen der LV-Vorgabe Edelstahl in einer Position des LV ist eine unzulässige Änderung an den Vergabeunterlagen (1. VK Sachsen, B. v. 10. 9. 2003 – Az.: 1/SVK/107-03).

- Ein Verstoß gegen § 13 VOB/A liegt vor, wenn der Bieter einen Kranstandort verändert (VK Brandenburg, B. v. 10.06.2004 - Az.: VK 21/04).

- Enthält ein Angebot eine abweichende Erklärung zur Bindefrist, eine abweichende Erklärung zu den Bürgschaftsbedingungen, eigene AGB, abweichende Erklärungen bezüglich der Regelungen der Vertragsstrafen, stellen diese Erklärungen regelmäßig eine Änderung der Vergabeunterlagen dar, und das Angebot ist damit von der Wertung auszuschließen (VK Arnsberg, B. v. 20. 11. 2001 – Az.: VK 2-14/2001).

- Schreibt ein Bieter in zahlreiche Leistungspositionen Produkte hinein, die nicht gleichwertig zu den geforderten Anforderungen des LV sind, ändert er die Vergabeunterlagen; das Angebot ist zwingend auszuschließen (1. VK Sachsen, B. v. 9. 5. 2003 – Az.: 1/SVK/034-03).

- Das Vermischen von Einheits- und Gesamtpreispositionen mit einer Sammelposition stellt eine nach § 13 VOB/A unzulässige Änderung der Vergabeunterlagen dar. Der Bieter weicht vom Leistungsverzeichnis insoweit ab, als er die Eintragung der geforderten Einheits- und Gesamtpreispositionen unterlässt und diese Positionen stattdessen in eine Sammelposition einrechnet. Durch das Vermengen von Leistungspositionen ist für den ÖAG nicht mehr erkennbar, welche Preisgrundlagen für die Leistung z. B. im Falle von Nachträgen gelten, bzw. ob angemessene Preise verlangt werden. Leistungspositionen enthalten ein Nachtragspotenzial, und der ÖAG kann bei vermischten Preispositionen nicht mehr sicher sein, welcher Preisanteil für die nachgerechnete Leistung gelten soll, ob z. B. 10 oder 90 % der Gesamtpreisposition zugrunde zu legen sind. Der ÖAG kann daher besonderen Wert darauf legen, dass die Einzelleistungen ausgewiesen sind (VK Rheinland-Pfalz, B. v. 11. 4. 2003 – Az.: VK 4/03).

- Bietet ein Unternehmen entgegen den Vergabeunterlagen Vorauszahlungen an (z. B. bei Auftragserteilung 30 %; bei Lieferung 30 %; bei Montageende 30 %; nach erfolgreichem Probebetrieb und Abnahme 10 %), ändert er damit die Vergabeunterlagen, und das Angebot des Bieters ist gemäß § 16 Abs. 1 Nr. 1 lit b) VOB/A in Verbindung mit § 13 Abs 1 Nr. 5 VOB/A auszuschließen (VK Thüringen, B. v. 18. 3. 2003 – Az.: 216-4002.20-001/03-MHL).

- Bietet ein Bieter sechs Grundpositionen des LV als Alternativpositionen und eine Position, die überhaupt nicht angefragt war, an, handelt es sich um unzulässige Änderungen der Vergabeunterlagen. Hierbei ist es unerheblich, ob vom Bieter vorgenommene Änderungen unwesentliche Leistungspositionen betreffen oder nicht. Auch kommt es nicht darauf an, ob die Abweichung letztlich irgendeinen Einfluss auf das Wettbewerbsergebnis haben kann (VK Südbayern, B. v. 18. 12. 2002 – Az.: 51-11/02).

- Gibt der Bieter im Angebot an, dass er bestimmte Leistungen an Nachunternehmer vergeben will, und reicht er ein Preisformblatt nach, aus dem zu entnehmen ist, dass er nur Teile
von Lohnleistungen an Nachunternehmer vergeben möchte, bedeutet dies eine unzulässige
Änderung der Vergabeunterlagen (VK Südbayern, B. v. 25. 3. 2002 – Az.: 05-02/02).

- Ein Bieter ist gehalten, die Formulare des ÖAG zu akzeptieren und sein Angebot darauf
einzustellen. Macht ein Bieter dies nicht und benennt er an Stellen des vorgesehenen (und
vorgedruckten) prozentualen Nachlasses eine absolute Zahl, nimmt er damit Änderungen
an den Vergabeunterlagen vor; daher ist das Angebot zwingend auszuschließen (1. VK
Sachsen, B. v. 13. 9. 2002 – Az.: 1/SVK/ 082-02).

- Als Änderungen an den Vergabeunterlagen im Sinne des § 13 Abs. 1 Nr. 5 VOB/A gelten
Streichungen oder Ergänzungen bzw. die Herausnahme von Teilen aus den Vergabeunterlagen. Sie können sich sowohl auf den technischen Inhalt (Abänderung der zu erbringenden Leistung) beziehen als auch auf die vertraglichen Regelungen. Derart geänderte Angebote sind auszuschließen. (VK Halle, B. v. 16. 1. 2001 – AZ: VK Hal 35/00).

- Gibt der ÖAG eine Zahlungsfrist von 21 Kalendertagen nach Eingang der Rechnung vor
und „erbittet" ein Bieter eine Zahlungsfrist von 30 Tagen nach Rechnungsdatum, ist diese
Zahlungsfrist isoliert gesehen zwar länger. Die Anknüpfung an das Rechnungsdatum kann
– je nach Eingang der Rechnung – aber im Einzelfall die Zahlungsfrist von 21 Kalendertagen unterschreiten. Im Falle der Zuschlagserteilung würde dieser Bitte entsprochen werden
und der Vertrag mit der von dem Bieter „erbetenen" – und insoweit gestellten – Zahlungs-
modalität zustande kommen. Das Angebot ist auszuschließen (VK Hessen, B. v. 2. 6. 2004
– Az.: 69d-VK-24/2004).

- Der Abdruck der AGB des Bieters auf der Rückseite eines Schreibens zum Angebot oder
das Beifügen der AGB zum Angebot wird mit einer großen Wahrscheinlichkeit zum Ausschluss führen. Die Verkehrssitte und/oder der Grundsatz von Treu und Glauben bedeutet
für den ÖAG, dass die AGB im behördlichen oder kaufmännischen Verkehr bei Abdruck
auf der Rückseite eines Schreibens Bestandteil des Angebots werden sollen, weil die Vergabestelle davon auszugehen hat, dass der Bieter alle das Angebot betreffenden Erklärungen berücksichtigt wissen will. Die Wertung und damit der Nichtausschluss der AGB ist
ggf. dann möglich, wenn die vom Bieter beigelegten AGB nicht in mehrfacher Hinsicht
wesentlich von den Vertragsbedingungen der Vergabestelle abweichen.[212]

6.2 Eröffnungstermin, Öffnung der Angebote

Vor der 1992er Änderung der VOB/A auch Submission genannt, ist bei Öffentlichen und Beschränkten Ausschreibungen nun der Eröffnungstermin zur Öffnung der Angebote die erste
Handlung des ÖAG, nachdem die Angebote bei ihm eingegangen sind. Hierbei werden die
Namen und Wohnsitze der Bieter, die Endbeträge der Angebote sowie andere den Preis betreffende Angaben mit Bekanntgabe, ob und von wem Änderungsvorschläge oder Nebenangebote
eingereicht sind, vorgelesen. Ferner endet mit der Öffnung des ersten Angebotes die Angebotsfrist, und es beginnt die Zuschlagsfrist. Der Eröffnungstermin wird i. d. R. in den Amtsräumen
des ÖAGs stattfinden, kann aber auch an anderer Stelle erfolgen, z. B. in den Geschäftsräumen
eines eingeschalteten Architekten- oder Ingenieurbüros, dann sollte jedoch ein Bediensteter
des ÖAGs dem Termin beisitzen.

---

[212] Weyand Vergaberecht - 107.5.1.3.7 | 2. Auflage 2006 Stand: 24.04.2009

Teilnahmeberechtigt sind nur die Bieter oder deren Bevollmächtigte. Letzteres ist insbesondere von Bedeutung, wenn der Bieter eine Handelsgesellschaft oder eine juristische Person des Privatrechts ist, weil diese nur durch einen Vertreter handeln können. Bieter und/oder Bevollmächtigte müssen auf Verlangen des Auftraggebers ihre Legitimation nachweisen; andernfalls können sie von der Teilnahme an dem Termin ausgeschlossen werden.

Für die Durchführung des Eröffnungstermins ist es unschädlich, wenn sich der Termin „zufällig" nur leicht (15 bis 30 Minuten) verschiebt.[213] Dies berechtigt jedoch den ÖAG nicht dazu, den Termin zu verschieben, nur weil noch ein Bieter erwartet wird oder die Vergabeunterlagen auf dem Postweg verloren gegangen sind.[214]

Hat der ÖAG ein Angebot versehentlich geöffnet, führt dies grundsätzlich nicht zum Ausschluss von der weiteren Behandlung oder gar zur Ausschreibungsaufhebung.[215] Es ist vielmehr zulässig, dieses Angebot sofort wieder zu verschließen und zu verwahren.

Die schriftlichen und digitalen Angebote müssen bei der Öffnung des ersten Angebots dem Verhandlungsleiter vorliegen, wenn sie am weiteren Verfahren teilnehmen sollen. Das bedeutet im Einzelnen:

- Örtliche Nähe, d. h., sie müssen im Raum vorliegen.
- Zeitliche Festlegung: „Öffnung" bedeutet das Aufschneiden des ersten verschlossenen Umschlages.
- Digitales Angebot in verschlüsselter Form.
- Originalangebot im verschlossenen Umschlag; es genügt nicht eine Kopie o. ä., weil aus Zeitmangel keine Zustellung des Originals mehr möglich war.

Die rechtzeitige Übermittlung des Angebots an den richtigen Ort steht im ausschließlichen Bieterrisiko.

Der eigentliche Vorgang der Angebotseröffnung ist in § 14 VOB/A förmlich geregelt. Man unterscheidet hier zwischen dem Eröffnungsvorgang im engeren Sinne (Abs. 3) und seiner Protokollierung (Abs. 4), was beides dem Verhandlungsleiter obliegt. Bezüglich seiner Person ist auf VHB Bund zu verweisen, wonach ein nicht mit der Vergabe befasster Bediensteter den Eröffnungstermin leiten soll. Zu seiner Unterstützung ist ein Schriftführer hinzuzuziehen. Auch dieser soll an der Bearbeitung der Vergabeunterlagen und der Vergabe (bisher) nicht beteiligt gewesen sein. Bevor der Verhandlungsleiter mit der Eröffnung und Verlesung beginnt, prüft er, ob der Verschluss eines jeden Angebots unversehrt ist.

Nach diesen Vorbereitungen öffnet der Verhandlungsleiter das erste Angebot. An eine Reihenfolge ist er dabei nicht gebunden. Ab diesem Moment noch eintreffende Angebote sind verspätet.[216] Sie dürfen daher nicht verlesen werden, die Gründe der Verspätung werden in das Protokoll aufgenommen.[217]

Die VOB verlangt nunmehr ausdrücklich **eine Kennzeichnung im Eröffnungstermin**, was bisher oft unter Hinweis auf mangelnde organisatorische Voraussetzungen abgelehnt und erst nachher, ohne dass die Bieter dabei waren, erledigt wurde. Damit ist einer Entscheidung des

---

[213] VK Lüneburg (BezR): Beschluss vom 20.12.2004 - 203-VgK/54/04 | BeckRS 2005 00141
[214] OLG Düsseldorf: Verg 75/05 vom 21.12.2005 | IBRRS 53725
[215] OB-Stelle Sachsen-Anhalt IBR 1995, 501
[216] VÜA Baden-Württemberg IBR 1997, 319.
[217] VHB Bund § 22 A Nr. 1.4, Absatz 4.

VÜA Bund[218] Rechnung getragen, in der diese Praxis beanstandet und zu Recht als Vergabe-verstoß bezeichnet worden war.

Der Begriff Geheimhaltung verbietet Auskünfte an Außenstehende,[219] z. B. nichtbeteiligte Unternehmer, Verbände, Innungen, Informationsdienste oder Submissionsanzeiger. Nicht betroffen sind dagegen die Teilnehmer am Wettbewerb in Bezug auf die nach § 19 Abs. 1 und 2 VOB/A zu erteilenden Auskünfte.

Verletzt der Auftraggeber die ihm auferlegte Geheimhaltungspflicht und entsteht dadurch einem Bieter nachweislich ein Schaden, z. B. in der Vereitelung eines Auftrages[220] oder im Verlust eines gewerblichen Schutzrechts, so kann ein Ersatzanspruch theoretisch gegeben sein. Dem kann der Auftraggeber aber u. U. entgegenhalten, der Bieter trage gem. § 254 Abs. 2 BGB ein Mitverschulden, weil er auf diesen Umstand nicht eigens hingewiesen habe.[221]

Stellt der Bieter im oder vor dem Eröffnungstermin fest, dass er wichtige Unterschriften vergaß, so kann diese **im Eröffnungstermin**, *unter der Voraussetzung, dass das Angebot rechtzeitig vorlag, vom Bieter* **nachgeholt werden**.[222]

Nach der Verlesung aller Angebote unterschreiben die anwesenden Bietervertreter die Niederschrift. Die Bieter müssen keine Unterschrift leisten, haben hierzu jedoch das Recht. Mit der Unterschrift verzichtet der Bieter nicht auf die Möglichkeit einer Vergabebeschwerde. Die Unterschrift dokumentiert lediglich seine Teilnahme am Eröffnungstermin.

6.3 Zuschlagsfrist

Nach dem Eröffnungstermin beginnt die gemäß § 10 Abs. 6 VOB/A mit i. d. R. 30 Kalendertagen definierte Zuschlagsfrist.[223] Innerhalb dieser Frist soll der Zuschlag erteilt werden. Damit ist es möglich, dass der Beginn der Arbeiten innerhalb der Zuschlagsfrist erfolgt. Die Zuschlagsfrist kann nur unter triftigen Gründen über die **30 Kalendertage hinaus verlängert werden**.[224]

---

[218] ZfBR 1996, 219.

[219] VHB Bund § 22 A Nr. 3.3; vgl. auch VK Sachsen IBR 2000, 411.

[220] OLG Düsseldorf BauR 1989, 195.

[221] Kapellmann/Messerschmidt, VOB Teile A und B, VgV, 2. Auflage 2007 § 22 Rdn. 37

[222] Rusam in H/R/R § 21, VOB/A Rdn. 3

[223] Die Bezeichnung Bindefrist wurde in der 2009 VOB/A zugunsten der Zuschlagsfrist aufgegeben. Denn die Doppelbezeichnung hat in der Praxis immer wieder zu Missverständnissen geführt. Anm. des Autors, obwohl die Verordnungen VOB/A und VOL/A angeglichen werden sollten, wird in der VOL/A der Begriff Bindefrist weiter verwandt.

[224] OLG Düsseldorf, Urteil vom 09.07.1999 | IBR 1999 520

Ein Grund für eine längere Zuschlagsfrist können einzuholende Zustimmungen aus politischen Gremien sein. Wenn die Ausschusssitzung erst in 45 Tagen nach der Angebotsöffnung stattfindet, dann kann die Bindefrist entsprechend verlängert werden.[225]

Ein Baubeginn innerhalb der Zuschlagsfrist darf nun jedoch **nicht so kurz bemessen sein**, dass der Bieter keine Zeit mehr hat, **seine Arbeitsvorbereitung zu initiieren**. Auch wenn die Zeit innerhalb der Zuschlagsfrist als Erwartungszeit des Bieters auf den potenziellen Auftrag angesehen werden muss, so sind jedoch baubetrieblich realistische Termine (14 Tage) anzusetzen.

In dem Beziehungsdreieck Bieter → Planer → ÖAG wird ein geplanter Baubeginn 10 Tage nach Angebotsöffnung unrealistisch sein. Unrealistisch ist er unumstößlich, wenn politische Gremien der Zuschlagserteilung noch zustimmen müssen.

Der Bieter sollte den ÖAG vor Angebotsabgabe auffordern, sich zu erklären, ob diese Terminkette verbindlich eingehalten werden kann. Reagiert der ÖAG nicht auf diese Anfrage, so kann der Bieter im Angebot seinen Vorbehalt geltend machen. Damit ist der Weg zu einem Nachtrag bzgl. einer Bauzeitverschiebung vorbereitet.

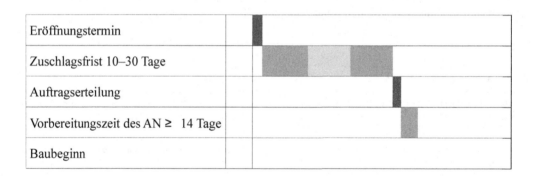

Eröffnungstermin	
Zuschlagsfrist 10–30 Tage	
Auftragserteilung	
Vorbereitungszeit des AN ≥ 14 Tage	
Baubeginn	

---

[225] BGH, Urteil vom 21-11-1991 - VII ZR 203/90 | NJW 1992, 827

Zustimmung zur Zuschlagsfristverlängerung

Sehr geehrte Damen und Herren,

zu Ihrer Ausschreibung mit Leistungsprogramm _____ haben wir Ihnen unser Angebot vom _____ rechtzeitig zum Eröffnungstermin am _____ zugesandt. Mit Ihrem Schreiben vom _____ fordern Sie uns auf, einer Zuschlagsfristverlängerung von __ Tagen zuzustimmen.

Dieser Fristverlängerung stimmen wir vorbehaltlos zu.

Rein vorsorglich weisen wir auf das Urteil des BGH vom 11. 5. und 26. 11. 2009 hin.

[Evtl.: zusätzlich]

Bzgl. der von Ihnen, in Ihrem o. g. Schreiben, genannten Bauzeitverschiebung, nehmen wir diese Information nachrichtlich zu Kenntnis.

Mit freundlichen Grüßen

Bieter

Bild 6-1 Mustertext 8: Zustimmung zur Zuschlagsfristverlängerung

6.3.1 Preisanpassung nach Vergabeverzögerung?

Die vorbehaltlose Zustimmung bedeutet nicht, dass der Bieter um jeden Preis an sein Angebot gebunden ist. Wird das Angebot durch die Verlängerung der Zuschlagsfrist verändert, so steht dem Bieter, der später den Zuschlag erhält, ggf. **eine Mehrvergütung** zu.[226] Dieser Sachverhalt wird vorliegen, wenn sich durch die Verlängerung der Zuschlagsfristen die in der Vergabeunterlagen vereinbarten Bauzeiten überholt haben.

Der Zuschlag darf in einem verzögerten Vergabeverfahren im Zweifel auch dann zu den ausgeschriebenen Fristen und Terminen erfolgen, wenn diese nicht mehr eingehalten werden können und der ÖAG daher im Zuschlagsschreiben eine neue Bauzeit erwähnt. Durch die neue, im Auftragsschreiben angegebene, Bauzeit ist die Überschreitung der ursprünglichen Termine jedoch nicht heilbar. Durch die bloße Mitteilung eines neuen Termins wird das Angebot des Bieters nicht abgelehnt und abgeändert. Die Angaben im Zuschlagsschreiben zur neuen Bauzeit sind nur ein Hinweis auf die geänderte Bauzeit aufgrund veränderter Umstände.[227]

Die Mehrvergütung darf sich jedoch lediglich im Rahmen der „differenzhypothetischen" Mehrkosten (DHM) bewegen.[228] Also die Kosten, die tatsächlich durch die Verschiebung der Bauzeit entstanden sind.

---

[226] BGH, Urteil vom 26.11.2009 - VII ZR 131/08 IBRRS 73156 und vgl. BGH, Urteil vom 11. 05.2009 - VII ZR 11/08

[227] BGH, Urteil vom 22.07.2010 | IBR 2010 3431

[228] Dr. Matthias Drittler (erstellt am 18.02.2010) ibr-Online Blog

Die DHM ist die Differenz der Kosten, die dem AN entstehen, wenn er zur neuen Bauzeit ausführt (Ist-Kosten), und der Kosten, die ihm entstanden wären, wenn es die Verzögerung nicht geben hätte (Wenn-Kosten). Diese Kosten sind damit andere als die Mehrkosten, die durch einen Vergleich der kalkulierten Kosten (Soll-Kosten) mit den tatsächlich entstandenen Kosten nach § 2 Abs. 5 VOB/B ermitteln werden (Ist-Kosten).[229] Die DHM sind damit eher Schadensersatz (§ 249 BGB) als Mehrvergütung.

Der Unterschied im Vergleich:

DHM	§ 2 Abs. 5 VOB/B
Ist-Kosten	Ist-Kosten
./. Wenn-Kosten	./. Soll-Kosten
Schadensersatz	**Mehrkosten**

Damit ist ausgeschlossen, dass ein AN seinen unauskömmlich kalkulierten Preis durch eine Zuschlagsverzögerung saniert.

6.3.2 Überholte Vertragsfristen

Der Vertrag kommt durch Zuschlag – nach Verlängerung der Zuschlagsfrist – auf das unveränderte Angebot zustande. Hierbei stellt sich heraus, dass die in den Vergabeunterlagen angegebenen Bauzeiten – insbesondere der Baubeginn - nach Verlängerung der Zuschlagsfrist überholt sind. Eine Änderung der Bauzeiten vor der Zuschlagserteilung ist aufgrund des Nachverhandlungsverbotes absolut ausgeschlossen.

Diese geänderten Ausführungsfristen können nun unter sinngemäßer Berücksichtigung des § 6 Abs. 3 und 4 VOB/B und auch die Vergütung kann unter Berücksichtigung der Friständerung in Anlehnung an die Grundsätze des § 2 Abs. 5 VOB/B angepasst werden.[230] Denn mit der **vorbehaltlosen Zustimmung des Bieters zur Bindefristverlängerung äußert er darin keinen konkludenten Verzicht auf Zeit- und Vergütungsanpassung.** Doch darf der AN mit der Anmeldung seiner Forderungen nicht zu lange warten und ggf. schon mit der Ausführung beginnen. Dann hat er nämlich den Zuschlag des AG, mit den Arbeiten – zu den ursprünglichen Vertragsfristen – zu beginnen, ohne Widerspruch angenommen.[231]

Der AN musste für eine solche Vertragsänderung dem Antrag auf Zuschlagsfristverlängerung ohne Änderung an den Ausschreibungsbedingungen zugestimmt haben.[232] Der Bieter macht dabei seine Zustimmung zur Zuschlagsfristverlängerung davon anhängig, dass er etwaige durch die Verzögerung bedingte Kostensteigerungen als Mehrvergütungsansprüche geltend macht. Ein konkretes Änderungsangebot führte allerdings zum Ausschluss aus der Wertung.

---

[229] BGH, Urteil vom 10.09.2009 - VII ZR 152/08 | IBR 2009, 3456
[230] BGH, Urteil vom 11.05.2009 - VII ZR 11/08 | IBR 2009 Heft 6 311
[231] OLG Celle, Urteil vom 17.06.2009 - 14 U 62/08 noch nicht rechtskräftig
[232] BayObLG, Beschluss vom 15.07.2002 - Verg 15/02 | IBR 2002 Heft 9 500

Hat der AN jedoch trotz Zuschlagsfristverlängerung die Bauleistung in der ursprünglich im LV vorgesehenen Bauzeit erstellt, dann steht ihm keine Vergütungsanpassung zu, da dann keine Änderung des Vertrages erfolgte. Dies gilt auch für den Fall, dass der AN einen Subunternehmer nicht länger an dessen Angebot gebunden hat.[233]

6.4 Aufklärung des Angebotsinhalts

Da zu vielen ungeklärten Fragen des Angebotes Nachfragen bzw. eben Aufklärung notwendig sein könnte, ist diesem Punkt ein entsprechender Stellenwert bei der Wertung und Prüfung der Angebote einzuräumen. Denn auch wenn die Vergabeunterlagen und Angebote so verfasst sein sollen, dass für den Planer nach der Öffnung der Angebote keine Fragen mehr offen sein sollten, so zeigt die Praxis gleichwohl die Notwendigkeit des Aufklärungsgespräches nach § 15 VOB/A.

Die Bieter erhalten kein Recht auf die Durchführung eines Aufklärungsgespräches. Es ist dem Planer in Abstimmung mit dem ÖAG vorbehalten, hierzu einzuladen.[234]

Als selbstverständlich muss erachtet werden, dass die Bieter nur in Einzelgesprächen um Aufklärung gebeten werden. Dies gebietet die Forderung nach Geheimhaltung aus § 15 Abs. 1 Nr. 2 VOB/A.

Das Aufklärungsgespräch kann auch schriftlich (in Textform) erfolgen. Die Forderung nach einem Gespräch ist in § 15 VOB/B nicht explizit erwähnt, und § 15 Abs. 2 VOB/A verdeutlicht dies, denn hier wird dem Bieter eine Frist zur Beantwortung eingeräumt.

Eine **Aufklärung darf nicht zu einer Änderung des Angebotes führen**, sonst würde der Gleichbehandlungsgrundsatz gegenüber anderen Bietern verletzt, denen nicht die Chance gegeben wird, ein nicht zuschlagsfähiges Angebot zuschlagsfähig zu machen.[235]

6.4.1 Aufklärungsinhalt

Bei Ausschreibungen – ohne die freihändige Vergabe – darf der ÖAG nach Öffnung der Angebote bis zur Zuschlagserteilung von einem Bieter Aufklärung verlangen. Jede Aufklärung – offene oder versteckte – die **eine Änderung der Preise** bewirkt, ist gemäß § 15 Abs. 3 VOB/A **nicht erlaubt.**

Eignung

Dies Aufklärungsart zielt auf die Ergänzung zu abgegebenen Erklärungen und Nachweisen bzgl. der Bietereignung ab. So ist in § 6 Abs. 2 Nr. 2 VOB/A vorgesehen, dass die abgegebenen Eigenerklärungen nach Erfordernis durch entsprechende Bescheinigungen der zuständigen

---

[233] BGH: Urteil vom 10.09.2009 - VII ZR 82/08 | IBRRS 71924

[234] VK Hannover, Beschluss vom 18.03.2004 - VgK 01/2004 | IBR 2004 Heft 12 718

[235] OLG München Beschluss 02.09.2010 - Verg 17/10 | IBR Online 07.10.2010

Stellen zu bestätigen sind. Diese Bestätigung kann der Bieter im Aufklärungsgespräch vorlegen und ggf. erläutern.

Das Angebot selbst

Hierbei sind Zweifel, die sich aus den Erklärungen des Bieters ergeben haben, auszuräumen. Denkbar ist die Aufklärung über Verbindlichkeit der Unterschrift oder den Einsatz bei geringfügigen (< 30 %) Nachunternehmerleistungen.

Jede Art der Aufklärung, die den Preis und die Wertung ändern kann, ist verboten. Hierzu zählt bereits, wenn bei einem angebotenem Skonto darüber verhandelt wird, bei welchen Zahlungen der Skonto gelten soll.[236]

Nebenangebote

Vorliegende Nebenangebote sind der wohl häufigste Grund, um Aufklärung zu betreiben. Denn hier formulierte der Bieter sein Angebot ohne Vorgabe des Planers, und deshalb wird der Planer ggf. Klärungsbedarf haben, damit für die Wertung (und eine ggf. mögliche Bauabwicklung) keine Auslegungsspielräume offenbleiben. Auch hier gilt das Nachverhandlungsverbot. Es sei denn, dass technische Änderungen zu höchstens geringfügigen Preisänderungen führen.

Die Aufklärung darf nicht dazu genutzt werden, dass der Bieter den fehlenden Nachweis der Gleichwertigkeit seines Nebenangebotes nachschiebt.[237]

Art der Durchführung

Generell obliegt es dem späteren Auftragnehmer gemäß § 4 Abs. 2 Nr. 1 Satz 1 VOB/B, wie er den Erfolg des Werkvertrages erbringt. Hat der Planer jedoch aufgrund von Besonderheiten des Bauvorhabens, z. B. bei Umbau- oder Sanierungsmaßnahmen, Fragen zum Bauablauf, so ist die Aufklärung möglich, sie darf jedoch nicht zu einer Preisanpassung führen.

Ursprungsorte oder Bezugsquellen von Stoffen oder Bauteilen

Wurden in den Vergabeunterlagen gemäß § 7 Abs. 7 VOB/A bestimmte Umwelteigenschaften vorgeschrieben, so hat der Planer hier die Möglichkeit der Überprüfung, wenn der Bieter seinen Nachweis hierzu beispielsweise mit Zertifizierungsstellen, die mit den anwendbaren europäischen Normen übereinstimmen, führte.

Ferner kann Aufklärung über die Eignung der Lieferanten des Bieters verlangt werden, um z. B. die Zertifizierung des einzusetzenden Tropenholzes zu überprüfen.

Angemessenheit der Preise

Die Überprüfung der Angemessenheit der Preise wird in zwei Fällen infrage kommen, a) wenn der Zuschlag auf das nicht preisgünstigste Angebot erteilt werden muss, da die übrigen Angebote ausgeschlossen werden mussten, oder b) das preisgünstigste Angebot deutlich (> 10 %) von den übrigen Angeboten abweicht. Im Übrigen ist es geboten, da § 2 Abs. 1 Nr. 1 und § 16 Abs. 6 Nr. 1 VOB/A dies fordern, dass zu angemessenen Preisen vergeben wird.

---

[236] Dähne in K/M VOB/A § 24 Rdn. 6
[237] Weyand Ziff. 106.6.7.8 Rdn. 5253

6.4.2 Verweigerung der Aufklärung

Verweigert ein Bieter die geforderten Aufklärungen und Angaben oder lässt er die ihm gesetzte angemessene Frist unbeantwortet verstreichen, so **kann sein Angebot unberücksichtigt bleiben**.

Eine angemessene Frist ist jede Frist bis zum Ablauf der Zuschlagsfrist, denn bis zu diesem Zeitpunkt muss der ÖAG entscheiden, wer den Zuschlag erhalten soll.

Wenn der Bieter nicht antwortete und der Planer zu den gestellten Fragen auch auf andere Weise Klärung erlangt hat, so ist kein Ausschluss notwendig. Sind nach Ablauf dieser Frist noch Fragen ungeklärt, so ist der **Ausschluss** geboten.

6.4.3 Sonderfall Freihändige Vergaben

Das **Verbot der Nachverhandlung** und Änderung des Angebotes ist für die freihändige Vergabe **nicht so dogmatisch**. § 15 Abs. 1 Nr. 1 VOB/A bezieht sich explizit auf Ausschreibungen. Eine Freihändige Vergabe ist nun eben keine formelle Ausschreibung. Die Freihändige Vergabe ist im Ergebnis ein wettbewerblicher Dialog, sodass hierbei der Inhalt des Angebotes konkret abgestimmt werden kann.

Die Nachverhandlung wird gemäß § 101 Abs. 5 GWB legitimiert: „.... Verhandlungsverfahren sind Verfahren, bei denen sich der Auftraggeber mit oder ohne vorherige öffentliche Aufforderung zur Teilnahme an ausgewählte Unternehmen wendet, um mit einem oder mehreren über die Auftragsbedingungen zu verhandeln."

Bei der Nachverhandlung ist jedoch zwingend zu berücksichtigen, dass der ÖAG dabei nicht gegen die allgemeinen Vergabegrundsätze nach § 97 Abs. 1–5 GWB i. V. m. § 2 VOB/A (Wettbewerb, Transparenz und Gleichbehandlungsgebot) verstoßen darf.[238]

6.5 Rückzug eines Angebotes durch den Bieter

Bis zum Eröffnungstermin kann der Bewerber sein eingereichtes Angebot zurückziehen. Danach ist der Bieter, bis zum Ablauf der Zuschlagsfrist, an sein Angebot gebunden. Selten vorkommen wird die erfolgreiche Anfechtung i. S. eines Kalkulationsirrtums nach §§ 119 ff. BGB.[239]

Ein „Kalkulationsirrtum" liegt vor, wenn sich der Bieter nachweislich bei der Kalkulation geirrt hat, z. B. vergessen hat, die notwendigen Transportkosten zu berücksichtigen. Der Nachweis des „Kalkulationsirrtums" ist a) schwer zu führen und b) sind nicht alle niedrigen Wettbewerbspreise Kalkulationsirrtümer. Dem Bieter muss die Ausführung mit seinem Irrtum schon fast unmöglich sein.[240]

Wurde der Zuschlag, ohne dass sich der Bieter auf einen Irrtum berufen konnte, erteilt, und er unterlässt seine werkvertragliche Pflichterfüllung, auch nach Anmahnung durch den ÖAG, so begeht er eine Pflichtverletzung. Den hierdurch entstehenden Schaden, wenn z. B. ein anderer Unternehmer den Auftrag ausführt, muss der Bieter ersetzen.[241]

---

[238] Dähne in K/M § 24 Rdn. 31

[239] § 119 BGB „Anfechtbarkeit wegen Irrtums"

[240] Kapellmann in K/M, § 2 VOB/B Rdn. 163

[241] Planker in K/M, § 19 Rdn. 17

Im Falle eines Kalkulationsirrtums sollte der Bieter einen Sachverständigen hinzuziehen, der die Kalkulation prüft und den Irrtum beweisen kann.

6.6 Nachprüfungsstellen

In der Bekanntmachung und den Vergabeunterlagen sind die Nachprüfungsstellen mit Anschrift anzugeben, an die sich der Bewerber oder Bieter zur Nachprüfung behaupteter Verstöße gegen die Vergabebestimmungen wenden kann.

Nachprüfungsstelle ist die Behörde, welche die Fach- und Rechtsaufsicht über die Vergabestelle ausübt, jener also Weisungen erteilen kann, wie das Vergabeverfahren durchzuführen ist. Ist dagegen eine VOB-Stelle bei der Bezirksregierung eingerichtet, muss in jedem Einzelfall geprüft werden, ob ihr speziell eine Kompetenz für solche Vergabeüberprüfungen eingeräumt wurde. Ist dies der Fall, muss der Auftraggeber einen entsprechenden Vermerk in der Bekanntmachung und/oder im Anschreiben machen.

Damit ist die Kommunalaufsicht der Kreise als untere staatliche Verwaltungsbehörde die Nachprüfstelle der kreisangehörigen Städte und Gemeinden.

Hat der ÖAG bei einer Vergabe unterhalb des Schwellenwertes (§§ 6, 7 VgV) irrtümlich angegeben, der Bieter könne zur Nachprüfung des Verfahrens die Vergabekammer anrufen, begründet dies nicht deren Zuständigkeit. Denn der gesetzlich eingeräumte Rechtsweg kann nicht durch bloße fehlerhafte Benennung in einer Rechtsmittelbelehrung oder durch Parteivereinbarung eröffnet werden; insofern hat sich an der Rechtslage, die bereits für die Vergabeüberwachungsausschüsse bestand, nichts geändert. Für öffentliche Aufträge unterhalb der Schwellenwerte gibt es (noch) keinen primären Rechtsschutz.[242]

Aber diese so eindeutige, aber aus Sicht der Bieter höchst unverständliche und diskriminierende Rechtspraxis wurde zunehmend infrage gestellt. So entschieden sich die Gerichte mal für und mal gegen den verwaltungsgerichtlichen Zugang.

Für den Rechtschutz vor den Verwaltungsgerichten unterhalb der Schwellenwerte und der anderen Voraussetzungen des GWB sind die Gerichte in

- Nordrhein-Westfalen,
- Rheinland-Pfalz,
- Sachsen.

Den Rechtsschutz verweigern die Verwaltungsgerichte in

- Berlin,
- Brandenburg,
- Baden-Württemberg,
- Niedersachsen.

---

[242] IBR 2001,442 (Anmerkung zu OLG Koblenz vom 6.7.2000).

7 Preisänderungen

7.1 Änderung der Vergütung

Laut § 9 Abs. 9 VOB/A kann der öffentliche Auftraggeber eine angemessene Änderung der Vergütung in den Vergabeunterlagen vorsehen, wenn wesentliche Änderungen der Preisermittlungsgrundlagen zu erwarten sind, deren Eintritt oder Ausmaß ungewiss ist. Diese Kann-Bestimmung ist nicht im Sinne eines freien Ermessens zu verstehen; der öffentliche Auftraggeber darf also dann, wenn die Voraussetzungen gegeben sind, nicht etwa grundsätzlich und unerörtet die Aufnahme von Preisvorbehalten ablehnen. Er ist vielmehr unter dem Aspekt, dass alle Normen der Vergabeordnungen – ausgenommen reine Ordnungs- oder Definitionsnormen – vergaberechtlich relevant sind, sowie ergänzend auch unter dem Verbot des § 7 Abs. 1 Nr. 3 VOB/A, dem Bieter ungewöhnliche Wagnisse aufzuerlegen, verpflichtet, die Voraussetzungen zu prüfen und insbesondere seine Entscheidung, einen Preisvorbehalt nicht einzuführen, im Vergabevermerk (§ 20 VOB/A) niederzulegen; die Vorschrift ist also „bieterschützend".[243]

Ist der Vertrag einmal geschlossen, kann sich der Auftragnehmer nicht mehr darauf berufen, der Auftraggeber hätte eigentlich eine Preisanpassungsmöglichkeit im Vertrag vorsehen müssen, deshalb habe er nachträglich Anspruch auf Preisanpassung.[244] Führt der spätere Bauablauf zu einem ungewöhnlichen Wagnis, das gar nicht ausgeschriebenes Bausoll war, begründen sich hieraus Nachtragsansprüche gemäß § 2 VOB/B.[245]

Verträge ohne Preisanpassungsmöglichkeit sind immer Festpreisverträge, das heißt, der einmal vereinbarte Preis ändert sich während der Laufzeit des Vertrages nicht, unabhängig davon, wie sich die Kosten des Auftragnehmers entwickeln. Beim Einheitspreisvertrag gibt es davon für den Spezialfall der Mengenänderung gegenüber dem LV gemäß § 2 Nr. 3 VOB/B.

Sowohl für Einheitspreisverträge wie für Pauschalverträge gibt es darüber hinaus die Möglichkeit der Anpassung dann, wenn eine „Störung der Geschäftsgrundlage" eingetreten ist, § 313 BGB und (für Pauschalverträge) § 2 Nr. 7 Abs. 2 VOB/B.

Wenn in den Verträgen der Begriff „Festpreis" verwandt wird, ist immer zu prüfen, ob damit nicht Pauschalverträge gemeint sind.

7.2 Preisgleitklauseln

Diese ist vorzusehen, wenn der ÖAG „wesentliche Änderungen der Preisermittlungsgrundlagen" zu erwarten hat. Wesentlich sind Änderungen schon dann, wenn sie im Ergebnis den kalkulierten Prozentsatz für Gewinn nennenswert verändern.

---

[243] Kapellmann/Messerschmidt, VOB Teile A und B, 2. Auflage 2007, § 15 Rdn.r. 1
[244] Heiermann/Riedl/Rusam VOB/A § 15, Rdn. 12, 13.
[245] BGH „Wasserhaltung II" BauR 1992, 752; BGH „Auflockerungsfaktor" BauR 1997, 466; näher VOB/B § 2 , Rdn. 114–118.

Der ÖAG hat mit Preisänderungen zu rechnen, wenn ein Vertrag eine längere Laufzeit hat. Hierbei ist im Vergabehandbuch als Maßstab eine Laufzeit von mindestens 10 Monaten angegeben.

Wenn Gleitklauseln vereinbart werden, so „sind die Einzelheiten der Preisänderung festzulegen".

In der Praxis der ÖAG kommen heute vor: Lohngleitklauseln, und zwar in Form der Pfennigklausel = Centklausel, kaum noch der Prozentklausel, Materialpreisgleitklauseln und im Ergebnis Umsatzsteuergleitklauseln.

7.3   Formblätter Preis nach der Zuschlagserteilung

Die Preisänderungen vor Zuschlagserteilungen sind reine Preiserhöhungsoptionen. Nach Zuschlagserteilung werden Preisänderungen ausschließlich nach den Regeln des § 2 VOB/B vorgenommen. Dieser Paragraf verweist bei der Neuberechnung von Vertragspreisen darauf, dass eine Berücksichtigung der Mehr- oder Minderkosten zu erfolgen hat. Diese beziehen sich sodann auf die in § 2 Abs. 1 VOB/B genannten vereinbarten Preise, also die Vertragspreise. Liegt nun ein Preisänderungsgrund vor, so sind die Mehr- oder Minderkosten anhand der Vertragspreise nachzuweisen.

Deutlich wird dies, wenn die ausgeführte Menge gemäß § 2 Abs. 3 VOB/B der unter einem Einheitspreis erfassten Leistung oder Teilleistung um mehr als 10 v. H. von dem im Vertrag vorgesehenen Umfang abweicht. Zum Nachweis der neuen Preise werden die Daten der VHB-Formblätter Preis herangezogen.

Beispiel 1: Mengenmehrung

Leistungsbeschreibung und Aufmaß

Pos.	Bezeichnung der Teilleistung	Menge	Aufmaß	Einheit
1	Erdaushub	1500	1000	m³
2	Ortbeton	750	760	m³
3	Schalung	1800	1500	m²
4	Bewehrung	25	32	t

Pos.	Bezeichnung der Teilleistung	Δ Masse	Δ in %	Fall
1	Erdaushub	−500	−33,33 %	§ 2 Abs. 3
2	Ortbeton	10	1,33 %	§ 2 Abs. 1
3	Schalung	−300	-16,67 %	§ 2 Abs. 3
4	Bewehrung	7	28,00 %	§ 2 Abs. 2

Berechnung der positionsbezogenen Zulagen:

Pos.	EP o. Zu	EP	Δ	BGK	AGK	W + G
				10,60 %	7,50 %	5,00 %
1	10,08	12,58	2,50	1,15	0,81	0,54
2	150,95	178,28	27,33	12,54	8,87	5,91
3	37,81	49,75	11,94	5,48	3,88	2,58
4	1576,19	1925,39	349,20	160,26	113,36	75,58

Pos. 1

EKT	10,08 €			Nicht gedeckte Kosten
BGK	1,15 €	×	500	573,49 €
AGK	0,81 €	×	500	405,67 €
G = G + W/2	0,27 €	×	500	135,22 €
W	0,27 €			0,00 €
EP	12,58 €	Σ		1.114,38 €

Pos. 3

EKT	37,81 €			Nicht gedeckte Kosten
BGK	5,48 €	×	300	1.644,44 €
AGK	3,88 €	×	300	1.163,23 €
G = G + W/2	1,29 €	×	300	387,74 €
W	1,29 €			0,00 €
EP	49,75 €	Σ		3.195,42 €

Pos. 4, AGK auftragsbezogen

EKT	1.576,19 €	Die über 110 % hinausgehende Menge	Überdeckte Kosten
BGK	160,26 €	×	−4,5	−721,17 €
AGK	113,36 €	×	−4,5	−510,14 €
G = G + W/2	37,79 €			0,00 €
W	37,79 €			
EP	1.925,39 €	Σ		−1.231,31 €

Rechnung

Pos.	Bezeichnung der Teilleistung	Menge	Einheit	EP	GP
1	Erdaushub	1000	m³	12,58 €	12.582,21 €
2	Ortbeton	760	m³	178,28 €	135.489,62 €
3	Schalung	1500	m²	49,75 €	74.625,12 €
4	Bewehrung	32	t	1.925,39 €	61.612,50 €
N1	S Nicht gedeckte Kosten				4.309,80 €
N2	S Überdeckte Kosten				−1.231,31 €
	Netto Summe				**284.309,45 €**

8 Die Beurteilung des Angebotes

8.1 Prüfung und Wertung der Angebote

Angebote, die im Eröffnungstermin vorgelegen haben und die auch nicht aus sonstigen Gründen zwingend auszuschließen sind, sind von der Vergabestelle, gegebenenfalls mit Hilfe von Sachverständigen, zu prüfen. Im Rahmen dieser Prüfung wird die jeweilige Angebotssumme ebenso ermittelt wie überprüft, ob das Angebot den technischen und wirtschaftlichen Vorgaben der Ausschreibung entspricht.

Die jeweiligen Angebotsendsummen sind in der Niederschrift zum Eröffnungstermin[246] festzuhalten.

Nach dem Eröffnungstermin können in begrenztem Umfang Gespräche zwischen ÖAG und einzelnen Bietern geführt werden. So darf sich der Auftraggeber mit dem Bieter in Verbindung setzen, um seine grundsätzliche Eignung, Leistungsfähigkeit, das Angebot sowie etwaige Nebenangebote und auch die Angemessenheit der Preise abzuklären.[247]

Nachfolgend hat die Vergabestelle die vorliegenden Angebote zu werten. Der Zuschlag soll auf das wirtschaftlichste Angebot erteilt werden. Nach den Vorgaben der VOB/A soll hier ausdrücklich nicht der niedrigste Preis alleine entscheidend sein.

Um den Zuschlag zu erhalten, muss der Bieter zunächst fachkundig, zuverlässig und auch leistungsfähig sein.

Im Rahmen der sachlichen Wertung der Angebote wird weiterhin geprüft, ob ein unangemessen hoher oder unangemessen niedriger Preis vorliegt. Beide Fälle stellen einen zwingenden Ausschlussgrund dar.

Indikatoren für einen unangemessen niedrigen Preis liegen vor, wenn der Angebotspreis des günstigsten und des nächsten Bieters um mehr als 10 % voneinander abweichen. Der ÖAG ist dann zur genaueren Überprüfung des Preises verpflichtet. Hierbei kann er seine eigenen Kostenermittlungen heranziehen. Liegen die Unterschiede über 50 %, so bedarf es einer detaillierten Aufklärung des Angebotspreises. Denn bei einem solchen Preisunterschied greift unstreitig die Vermutung für einen unangemessen niedrigen Preis.[248] Der Bieter muss zu einem Aufklärungsgespräch eingeladen werden. Die Aufklärungspflicht setzt ein, sobald die Vergabestelle Anhaltspunkte für einen ungewöhnlich niedrigen Angebotspreis hat.[249] Für die Bewertung eines unangemessenen Preises kommt nur der Gesamtpreis infrage. Die Berücksichtigung der Einheitspreise erfolgt nicht; nicht einmal dann, wenn aus den Umständen eindeutig und völlig zweifelsfrei zu schließen ist, dass ein ganz bestimmter Einheitspreis gewollt war.[250]

---

[246] Siehe Ziffer 6.2 Eröffnungstermin

[247] Siehe Ziffer 6.4

[248] VK Südbayern, B. v. 10.02.2006 - Az. Z3-3-3194-1-57-12/05

[249] 1. VK Sachsen-Anhalt, B. v. 07.07.2006 - Az.: 1 VK LVwA 11/06; VK Südbayern, B. v. 10.02.2006 - Az. Z3-3-3194-1-57-12/05; 1. VK Bund, B. v. 20.04.2005 - Az.: VK 1-23/05

[250] OLG Saarbrücken, Beschluss vom 27.05.2009 - 1 Verg 2/09 | IBR 2009 Heft 7 407

Die Überprüfung der Preisangemessenheit, besonders die des niedrigsten Preises, dient dem Schutz des ÖAG, da dieser sich bei der Zuschlagserteilung auf ein solches Angebot der Gefahr aussetzt, dass der Auftragnehmer in wirtschaftliche Schwierigkeiten gerät und den Auftrag nicht oder nicht ordnungsgemäß, insbesondere nicht mängelfrei, zu Ende führt.[251]

Für die Preisprüfung können neben der Urkalkulation auch die Formblätter EFB-Preis herangezogen werden.

In die engere Wahl kommen dann Angebote, die unter Berücksichtigung rationellen Baubetriebs und sparsamer Wirtschaftsführung eine einwandfreie Ausführung einschließlich Haftung für Mängelansprüche erwarten lassen. Anhand weiterer Kriterien wie Qualität, technischer Wert, Ästhetik, Zweckmäßigkeit, Umwelteigenschaften, Betriebs- und Folgekosten und natürlich Preis wird dann das insgesamt wirtschaftlichste Angebot ermittelt.

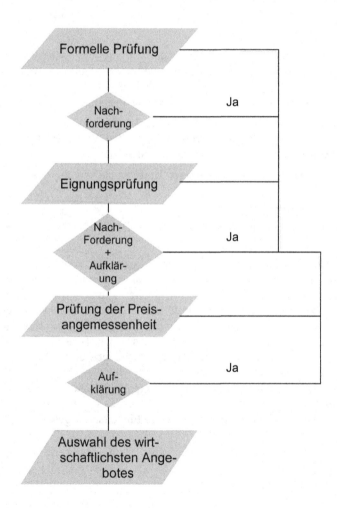

Bild 8-1   Schematischer Wertungsablauf

---

[251] BayObLG, B. v. 18.9.2003 - Az.: Verg 12/03; VK Düsseldorf, B. v. 02.05.2006 - Az.: VK-17/2006-B

8.2 Zuschlagserteilung

Der Zuschlag muss nach § 18 Abs. 1 VOB/A vor Ablauf der Zuschlagsfrist erteilt werden. Durch den uneingeschränkten Zuschlag auf ein Angebot existieren zwei übereinstimmende Willenserklärungen. Damit kommt der Vertrag zustande.

Der Bieter, der nun AN werden soll, kann bei Einhaltung der Zuschlagsfrist und keinen Änderungen gegenüber dem Angebot den Zuschlag nicht verweigern. Unterlässt er die Ausführung der Arbeiten, so macht er sich schadensersatzpflichtig.

Der ÖAG darf im Gegenzug jedoch auch nicht auf die anderen Angebote zurückgreifen, wenn dem AN während der Bauausführung gekündigt wird. Dieser Rückgriff ist auch nicht möglich, wenn erneut eine identische Leistung erneut ausgeschrieben werden soll. Die Neuausschreibung ist immer dann geboten, wenn das ursprüngliche Verfahren, durch Zuschlag oder Aufhebung, abgeschlossen worden ist.[252]

Bei vielen Kommunen sind Verträge in der Regel nur schriftlich und mit Unterschrift zweier vertretungsberechtigter Mitglieder des Gemeindevorstandes (Magistrats) sowie mit Dienstsiegel gültig.[253] Der Planer darf damit i. d. R. keine Zuschlagsschreiben unterschreiben.

Schriftformerfordernis ist gemäß § 18 VOB/A nicht zwingend erforderlich, jedoch vertragsrechtlich geboten, meist jedoch eine kommunalrechtliche Vorschrift. Somit kann der Zuschlag auch vorab mündlich erteilt werden, und die Schriftform kann dann nachgeholt werden.

8.2.1 Absagen

Die übrigen Bieter, die in der engeren Auswahl waren, sind gemäß § 19 Abs. 1 Satz 2 VOB/A darüber zu unterrichten, dass der Zuschlag erteilt wurde, sobald der Zuschlag erteilt worden ist.

Die Bieter können gemäß § 19 Abs. 2 VOB/A auf ein in Textform gestelltes Verlangen die Angabe der Gründe erfahren, warum sie den Zuschlag nicht erhalten haben. Für die Beantwortung dieser Fragen stehen dem Planer 15 KT zur Verfügung. Die Frist beginnt mit dem Tag nach Eingang des Antrags bei ÖAG.[254] Hierbei müssen auch die Merkmale und Vorteile des Angebots des erfolgreichen Bieters sowie dessen Name mitgeteilt werden.

8.2.2 Veröffentlichung

Um die Transparenz der Vergabeverfahren zu erhöhen, insbesondere im Hinblick auf die Anzahl der Aufträge, die in Beschränkter Ausschreibung nach § 3 Abs. 3 VOB/A und in Freihändiger Vergabe durchgeführt werden, wurde die neue Vorschrift § 20 Abs. 3 VOB/A eingeführt.

Nach Zuschlagserteilung hat der ÖAG auf geeignete Weise, z. B. auf Internetportalen oder im Beschafferprofil, zu informieren, wenn bei

---

[252] VK Lüneburg, Beschluss vom 03.07.2009 – VgK-30/2009 | IBR 2010 3347
[253] Leitfaden "Öffentliches Auftragswesen" der Hessischen Landesregierung
[254] Stickler in K/M § 27 Rdn. 21

1. Beschränkten Ausschreibungen nach § 3 Abs. 3 VOB/A der Auftragswert 25 000 €/netto oder

2. Freihändigen Vergaben der Auftragswert 15 000 €/netto übersteigt.

Diese Informationen werden 6 Monate vorgehalten und müssen folgende Angaben enthalten:

a) Name, Anschrift, Telefon-, Faxnummer und E-Mail-Adresse des Auftraggebers,

b) gewähltes Vergabeverfahren,

c) Auftragsgegenstand,

d) Ort der Ausführung,

e) Name des beauftragten Unternehmens.

Im Rahmen der Vergabevereinfachung zum Konjunkturprogramm II ist die Regelung des § 19 Abs. 5 VOB/A jedoch teilweise durch die Normierung auf Länderebene verändert worden.

In NRW wurden die in der VOB/A genannten Wertgrenzen signifikant angehoben. Bei Beschränkten Ausschreibungen und Freihändigen Vergaben sind nach der Zuschlagserteilung die obigen Angaben – ohne den Ort der Ausführung – zu veröffentlichen, sofern der Auftragswert des abgeschlossenen Vertrages für Bauaufträge, die im Wege der Beschränkten Ausschreibung vergeben werden, 150.000 €/netto, im Übrigen für abgeschlossene Verträge den Wert in Höhe von 50 000 €/netto übersteigt und Sicherheitsinteressen nicht tangiert werden.[255]

8.3 Aufhebung

Die Aufhebung einer Ausschreibung ist, nach der Zuschlagserteilung, die zweite Art der Beendigung eines Vergabeverfahrens. Auf die Aufhebung, als Beendigungsinstrument, kann nur dann verzichtet werden, wenn sich keine Bieter am Verfahren beteiligt haben.[256]

An normierten Aufhebungsgründen sieht der § 17 Abs. 1 VOB/A nachfolgende Gründe vor. Aufgehoben werden kann,

• wenn kein Angebot eingegangen ist, das den Ausschreibungsbedingungen entspricht,

• wenn die Vergabeunterlagen grundlegend geändert werden müssen oder

• wenn andere schwerwiegende Gründe bestehen.

Eine Aufhebung kann auch erfolgen, wenn von den drei obigen Primärsachverhalten abgewichen wird. Denn Bieter können bei einem ÖAG ebenso wie einem privaten Auftraggeber zuzuerkennende Vertragsfreiheit keine Auftragsvergabe erzwingen. Dazu ist es jedoch notwendig, dass sachlich gerechtfertigte Gründe vorliegen und die Aufhebung nicht zu dem Zweck erfolgt, Bieter zu diskriminieren.[257]

Eine Aufhebung wird regelmäßig innerhalb der Zuschlagsfrist durchgeführt. Denkbar ist in besonderen Fällen, wenn z. B. die Vergabeunterlagen grundlegend geändert werden müssen, auch eine Aufhebung innerhalb der Bearbeitungszeit durch die Bewerber.

---

[255] Gem. RdErl. der NRW Ministerien vom 3. Februar 2009 -AZ: 121 – 80-20/02-
[256] Rusam in H/R/R § 26 Rdn. 1b
[257] OLG Düsseldorf, Beschluss vom 10.11.2010 - Verg 28/10

8.3.1 Keine wertbaren Angebote

Keine wertbaren Angebote liegen vor, wenn **alle** Angebote – aus welchen Gründen auch immer – ausgeschlossen werden mussten.

Die Ankündigung, dass unvollständige Angebote nicht gewertet werden, schließt nicht aus, für den Fall, dass überhaupt kein vollständiges Angebot vorliegt, Gelegenheit zu geben, die Angebote im Hinblick auf nicht die Preise betreffende Angaben, zu vervollständigen und diese dann zu werten. Die Aufhebung ist nur dann zwingend, wenn nicht mehr gewährleistet werden kann, dass das Verfahren den Grundprinzipien des Vergaberechts (Transparenz und wettbewerbsgerecht) entspricht.[258]

8.3.2 Grundlegende Änderung der Vergabeunterlagen

Um dieses Argument benutzen zu können, müssen triftige Gründe vorliegen, denn § 2 Abs. 5 VOB/A normiert ja, dass man erst dann ausschreiben soll, wenn alle Vergabeunterlagen fertiggestellt sind und damit keine Änderung notwendig sein dürfte. Zudem kann nur auf Tatsachen gestützt werden, die erst nach Versendung der Vergabeunterlagen eingetreten oder dem ÖAG bekannt geworden sind, ohne dass eine vorherige Unkenntnis auf mangelhafter Vorbereitung (Fahrlässigkeit) beruhte.[259]

Die „normale" Planfortschreibung führt damit keinesfalls zur Aufhebung. Hier werden entweder alle Bieter vor Ablauf der Bearbeitungszeit informiert werden müssen, oder nach dem Eröffnungstermin werden alle späteren Änderungen in der Bauausführung nach § 2 Abs. 5 und 6 VOB/B zu beurteilen sein.

Als maßgebliche Gründe können hier genannt werden:[260]

- die nachträglichen Mittelkürzungen durch die finanzierende Stelle und damit verbundene Umplanungen (sog. abgespeckte Maßnahmen),
- später ergangene, nicht voraussehbare Bauverbote oder Baubeschränkungen oder
- neue Erkenntnisse aufgrund eines Bodengutachtens – falls der Auftraggeber nicht schon vorher das Gutachten hätte in Auftrag geben müssen, um dem Vorwurf einer voreiligen Ausschreibung zu entgehen.

8.3.3 Schwerwiegende Gründe

Für einen schwerwiegenden Aufhebungsgrund müssen äußerst triftige Gründe vorliegen, die zudem bei einer objektiven Beurteilung offensichtlich zu erkennen sind.

Unzulässig ist die Aufhebung, wenn keine Angebote im Rahmen des zugrunde gelegten Preisansatzes eingehen, weil dieser wegen knapper Haushaltsmittel oder einer falscher Kostenberechnung zugrunde gelegt wurde.[261]

Fehler und Unzulänglichkeiten in der Leistungsbeschreibung zählen nicht zu den schwerwiegenden Gründen. Sie sind in jedem Fall dem Ausschreibenden anzulasten. Ein überarbeitungs-

---

[258] OLG Celle, Beschluss vom 10.06.2010 - 13 Verg 18/09 | IBR 2010 3108

[259] OLG Köln, Beschluss vom 18.06.2010 - 19 U 98/09

[260] Nach Dähne in K/M § 26 Rdn. 11

[261] Rückblick Nürnberger Vergaberechtstag, Bayerische Staatszeitung / Bayerischer Staatsanzeiger in der Ausgabe Nr. 3 vom 19.01.2007

bedürftiges Leistungsverzeichnis aufgrund mangelnder Sorgfalt bei der Erstellung rechtfertigt keine Aufhebung.[262]

Schwerwiegende Gründe liegen vor, wenn

- sich politische oder militärische Verhältnisse wesentlich geändert haben,[263]
- nur ein Bieter im Sinne einer Art "Monopolstellung" über die einzig offene Quelle für ein bestimmtes Baumaterial verfügt,[264]
- ein Bieter plausibel darlegen kann, dass er bei richtiger Anwendung des § 7 Abs. 1 VOB/A den Zuschlag hätte erhalten müssen,[265]
- die Ausschreibung zu keinem wirtschaftlich akzeptablen Ergebnis geführt hat, weil nur beträchtlich überteuerte Angebote gewertet werden können,
- feststeht, dass die ausgeschriebene Leistung in anderer als der angebotenen Weise erheblich kostengünstiger ausgeführt werden kann,[266]
- ein Widerspruch zwischen der Leistungsbeschreibung und den dazugehörenden Plänen im Rahmen einer Ausschreibung besteht,
- der Verdacht auf Preisabsprache sich zutreffend erweist.[267]

Die Aufhebung des Vergabeverfahrens aus schwerwiegendem Grund ist in das Ermessen der Vergabestelle gestellt; die Ermessensausübung ist durch die Nachprüfungsstellen nicht zu ersetzten. Allenfalls dann, wenn der Mangel des Vergabeverfahrens derart gravierend und grundsätzlich ist, dass ein falsches Ermessen vorlag, kommt eine Aufhebung durch die Nachprüfungsstellen bzw. auf deren Anordnung in Betracht.[268]

8.4 Nicht berücksichtigte Bewerbungen und Angebote

Die Bieter müssen sich bis zum Ablauf der Zuschlagsfrist bereithalten, um den erwarteten Auftrag anzunehmen. Hierdurch werden Kapazitäten bei den Bietern gebunden. Damit diese Bindung nicht unnötig lange währt, sollen die Bieter, die ausgeschlossen wurden oder deren Angebote nicht in die engere Wahl gekommen sind, gemäß § 19 Abs. 1 Satz 1 VOB/A unverzüglich verständigt werden, wenn der Sachverhalt festgestellt worden ist.

Bei den Bietern, die ausgeschlossen werden, handelt es sich um solche, die die Wertungsstufe § 16 Abs. 1 VOB/A nicht überwinden konnten. Die Bieter, die die Eignungsprüfung nicht absolvieren konnten, deren Angebote aufgrund des Kriteriums „unangemessener Preis" oder „Technische Prüfung" nicht weiter berücksichtigt werden können, sind nicht in der engeren Wahl.[269]

---

[262] Weyand - 110.8.2.4 Rdn. 5914

[263] OLG Zweibrücken, Urteil vom 01.02.1994 - 8 U 96/93 | IBR 1995, 150

[264] VÜA Bund, Beschluss vom 07.01.1997 - 1 VÜ 26/96 | IBR 1997 Heft, 265

[265] OLG Dresden, Beschluss vom 10.01.2000 - WVerg 0001/99 | IBR 2000, 153

[266] OLG Düsseldorf, Beschluss vom 13. 12. 2006 - VII-Verg 54/06 | NZBau 2007, 462

[267] VÜA Schleswig-Holstein, Beschluss vom 26.11.1998 - VÜ 2/97 | IBR 1999 Heft, 353

[268] KG, Beschluss vom 21.12.2009 - 2 Verg 11/09, Amtlicher Leitsatz

[269] Stickler in K/M § 27 Rdn. 6

Die Verständigung der Bieter sollte, aus Gründen der besseren Beweisbarkeit, mindestens in Textform erfolgen.[270] Durch die Formulierung „unverzüglich", die dem § 121 Abs. 1 Satz 1 BGB entnommen wurde, sind die Bieter nach Feststellung des Sachverhaltes, ggf. nach Einholung einer Dritt-Meinung, zu unterrichten, mindestens jedoch unmittelbar mit der Zuschlagserteilung. Da der Planer bei seinen Wertungsüberlegungen eben diese Bieter nicht mehr mit einbeziehen muss.

Wenn auch in der juristischen Fachliteratur die Meinung vertreten wird, dass mit dieser Benachrichtigungsfrist nicht das Ziel, effektiven Rechtsschutz zu gewähren, verfolgt wurde,[271] so macht der Text des alten § 27 Nr. 1 und neuen § 19 Abs. 1 VOB/A den Unterschied deutlich.

Wurde zuvor gefordert, die Bieter sollten „sobald wie möglich verständigt", heißt es nun „unverzüglich unterrichtet" werden. Dem Planer kann ein unverzügliches Handeln unterstellt werden, wenn er eine Bedenkzeit in Anspruch nimmt. Wenn er die Bieterinformation jedoch erst dann vornimmt, wenn er Zeit dazu hat, bzw. es ihm möglich ist, handelt er i. S. d. alten VOB/A und damit nach dem neuen Regelwerk normkonträr. Als hilfreich kann zur deutlichen Fristbestimmung der § 19a VOB/ herangezogen werden. Dieser Paragraf nennt eine Frist von 15 Kalendertagen.

Bei Vergaben unterhalb des Schwellenwertes des § 100 GWB sind die Bieter grundsätzlich noch auf die Geltendmachung allgemeiner Schadensersatzansprüche – also Sekundäransprüche – wegen vorvertraglicher Schutzpflichtverletzungen beschränkt; ein Anspruch auf Verhinderung der Auftragsvergabe im Wege des Primärrechtsschutzes steht Ihnen nicht zu. Der Bieter, der sich unterlegen fühlt, kann also allenfalls gemäß §§ 311 Abs. 2, 241 Abs. 2, 280 Abs. 1 BGB Ersatz für solche Schäden verlangen, die ihm deshalb entstanden sind, weil er – angesichts der Zugrundelegung der VOB/A im Rahmen der Ausschreibung seitens des ÖAG – auf die Einhaltung der Regelungen der VOB/A vertraut hat und der ÖAG dieses Vertrauen (schuldhaft) verletzt hat.[272]

Die übrigen Bieter sind gemäß § 19 Abs. 1 Satz 2 VOB/A zu unterrichten, sobald der Zuschlag erteilt worden ist.[273]

---

[270] Rusam in H/R/R § 27 Rdn. 1
[271] Stickler in K/M3 § 19 Rdn. 3
[272] OLG Düsseldorf, 15.08.2011 – 27 W 1/11
[273] Siehe auch 8.2.1

Bitte um Aufklärung der Nichtberücksichtigung

Sehr geehrte Damen und Herren,

Zu Ihrer Ausschreibung mit Leistungsprogramm _____ haben wir Ihnen unser Angebot vom _____ rechtzeitig zum Eröffnungstermin am _____ zugesandt.

Bitte teilen Sie uns i. S. d. § 19 VOB/A mit, aus welchen Gründen wir nicht den Zuschlag erhalten haben.

Rein vorsorglich sprechen wir bereis jetzt unseren Vorbehalt gegen unseren Ausschluss aus. Die Einschaltung der Nachprüfstelle behalten wir uns vor.

Mit freundlichen Grüßen

Bieter

Bild 8-2   Mustertext 9: Bitte um Aufklärung der Nichtberücksichtigung

9 Privater Bereich

Auch im privaten Bereich wird häufig von Ausschreibung gesprochen. Hier ist der Verbraucher jedoch nicht an die formalen Vorgaben des Vergaberechts gebunden. Deshalb haben sich auf dem Markt verschiedene Varianten entwickelt.

- Leistungsanfrage: Anfrage an potenzielle Lieferanten, ob sie einen skizzierten Bedarf grundsätzlich erfüllen könnten. Die abgegebenen Antworten enthalten in der Regel Listenpreise. Diese Ausschreibungsvariante eignet sich zur ersten Sondierung des Marktes.
- Preisanfrage: Zu einem detailliert beschriebenen Bedarf (Lastenheft) wird eine Leistungsbeschreibung mit einem möglichst präzisen, aber in der Regel unverbindlichen Preis angefragt. Diese Anfragen werden an Lieferanten versandt, von deren grundsätzlicher Leistungsfähigkeit der Versender bereits überzeugt ist.
- Aufforderung zur Angebotsabgabe: Ausschreibung im üblichen Sinn, d. h., die abgegebenen Angebote sind innerhalb der angegebenen Gültigkeitsfrist vertraglich bindend. Sie enthalten den bestmöglichen Preis, eine detaillierte Leistungsbeschreibung bzw. ein Pflichtenheft sowie alle zum Vertragsabschluss gehörenden Zusatzvereinbarungen. Der Einkäufer ist selbstverständlich nicht verpflichtet, eines der Angebote anzunehmen.
- Aufforderung zur Angebotserweiterung: Anforderung zur Erweiterung eines Systems oder Angebots.

Erklärt ein privater Auftraggeber jedoch, er werde sich bei der Ausschreibung an die Regeln der VOB/A halten und verfährt dann aber nicht entsprechend, ist gegen ihn ein Schadensersatzanspruch des Bieters denkbar.[274] Hierdurch wird der Bieter davor geschützt, dass nur die für den Ausschreibenden günstige Regelungen der VOB/A Berücksichtigung finden und die beschränkenden Regelungen jedoch nicht vom Ausschreibenden angewendet werden.[275]

Verweigerung der Vertragsdurchführung

Der Bieter ist schadensersatzpflichtig, wenn er sich ernsthaft und endgültig weigert, sich an einem für ihn bindenden Vertragsangebot festhalten zu lassen. Wird der Angebotsempfänger dadurch veranlasst, das Angebot nicht anzunehmen, ist dieser berechtigt, den Schaden geltend zu machen, der durch die Beauftragung eines anderen Bieters entstanden ist. Wenn der Auftraggeber die Vertragserfüllung endgültig verweigert, weil nach seiner unzutreffenden Auffassung kein Vertrag zustande gekommen ist, kann der Auftragnehmer die vereinbarte Vergütung verlangen. Er muss sich dabei anrechnen lassen, was er infolge der Befreiung von der Leistung erspart oder durch anderweitige Verwendung seiner Arbeitskraft erwirbt oder zu erwerben böswillig unterlässt. Dies gilt auch dann, wenn der Auftragnehmer nach der Erfüllungsverweigerung des Auftraggebers gem. § 648a BGB fruchtlos eine Frist und Nachfrist zur Sicherheitsleistung gesetzt hat und der Vertrag deshalb als aufgehoben gilt.

---

[274] §§ 311, 280 BGB
[275] BGH, NJW-RR 2006, 963 = NZBau 2006, 456 (457).

10 Checklisten

10.1 Checkliste A

☐ Haben Sie alle Ausschreibungsunterlagen aufmerksam durchgelesen? Dies sollten Sie tun, **bevor** Sie mit der Bearbeitung der Ausschreibung beginnen!

☐ Haben Sie alle Angebotsunterlagen vollständig zusammengestellt und übersichtlich aufbereitet?

☐ Haben Sie Ihre Firmenbezeichnung, den Namen und die Postanschrift angegeben?

☐ Haben Sie alle einzureichenden Unterlagen und Formblätter vollständig ausgefüllt und falls nötig mit Datum und Unterschrift versehen?

☐ Haben Sie alle geforderten Unterlagen beigelegt, mit denen Sie Ihre Leistungsfähigkeit und Zuverlässigkeit nachweisen müssen?

☐ Haben Sie Unterlagen beigelegt, die in den Vergabeunterlagen nicht gefordert wurden? Verzichten Sie auf diese lieber, wenn Sie keinen direkten Bezug zum Auftrag haben.

☐ Haben Sie **alle Einheitspreise** und Gesamtpreise angegeben?

☐ Haben Sie das Angebot mit einem Datum versehen und rechtsgültig unterzeichnet?

☐ Wollen Sie irgendetwas an den Ausschreibungsunterlagen, zum Beispiel am Leistungsverzeichnis ändern? **Vorsicht!** Dies ist **NICHT** zulässig!

☐ Haben Sie Alternativangebote vorgelegt? Überprüfen Sie, ob diese laut Ausschreibungstext zulässig sind und in welcher Form diese eingereicht werden müssen!

☐ Haben Sie nur für einen Teil der Ausschreibung geboten? Überprüfen Sie ebenfalls, ob dies laut Ausschreibungstext zulässig ist!

☐ Geben Sie Leistungen an Subunternehmer weiter? Eventuell müssen Sie dies dem Auftraggeber mitteilen, sofern es in den Ausschreibungsunterlagen verlangt ist!

☐ Wollen Sie dem Angebot Ihre Allgemeinen Geschäftsbedingungen beifügen? **Vorsicht!** Dies ist fast nie erlaubt.

☐ Haben Sie Ihr Angebot in einem verschlossenen Umschlag eingereicht und entsprechend den Bestimmungen der Ausschreibungsunterlagen versiegelt und gekennzeichnet?

☐ Haben Sie auf die Einhaltung der Angebotsfrist geachtet?

☐ Wollen Sie Änderungen vornehmen, nachdem Sie das Angebot beim Auftraggeber eingereicht haben? Änderungen/Ergänzungen zu Ihrem Angebot können Sie vornehmen, solange die Angebotsfrist läuft. Beachten Sie, dass sich dadurch Änderungen im Preis ergeben können, die Sie ausdrücklich anzugeben haben. Änderungen müssen mit Datum und Unterschrift versehen werden.

10.2 Checkliste B

Zu Beginn und während des Verfahrens

☐ Ausschreibungsunterlagen auf Vollständigkeit durchsehen (Übersicht der Anlagen im Angebotsschreiben). Diese Prüfung muss unverzüglich erfolgen. Fehlende Unterlagen sofort nachfordern.

☐ Ausschreibungsunterlagen vollständig durchlesen.

☐ Entscheidung treffen, ob Unternehmen Angebot abgeben kann/will.

☐ Bieterfragen unverzüglich stellen. Erforderlich bei Unklarheiten, missverständlichen Formulierungen, Widersprüchen etwa zwischen Vergabebekanntmachung und Vergabeunterlagen. An den richtigen Adressaten richten (in der Ausschreibung angegeben). Fragen klar und präzise formulieren, Abhilfevorschläge unterbreiten. Auf Form achten: per E-Mail/Telefax.

☐ Bei europaweiter Ausschreibung (oberhalb der Schwellenwerte): Vergabebekanntmachung und Vergabeunterlagen auf Verstöße gegen vergaberechtliche Bestimmungen prüfen. Bei Vorliegen und sofern Vergabestelle nicht korrigiert: unverzügliche Rüge – spätestens bis Ablauf der Angebotsfrist.

Fristenplanung

☐ Zeitplan erstellen

☐ Vergabeunterlagen anfordern bis   _____

☐ **Teilnahmefrist** endet am   _____

☐ Bieterfragen können gestellt werden bis   _____

☐ **Angebotsfrist** endet am   _____

☐ Ende der Zuschlags- bzw. Bindefrist   _____

☐ Musterstellung am   _____

☐ Ausführungsfrist/Ausführungszeitraum   _____

Organisationsplanung

☐ Aufgabenverteilung im Unternehmen, Grobplanung

☐ Aufgabenerledigung und Anlieferung an innerbetrieblichen Koordinator (Name _____ bis (Frist) _____

☐ Sofern Nachunternehmer eingesetzt werden soll: Nachunternehmererklärung (Name _____ bis (Frist) _____

☐ Angebotsabgabe/-versand an (Ort)   _____   (Name)   _____

☐ Zustellung Angebot durch   _____   spätestens _____

☐ Persönliche Zustellung durch _____ spätestens _____

☐ Material disponiert, Bestätigungen von Lieferanten liegen vor.

☐ Preise während Bindefrist zu halten?

Nachweise und Bescheinigungen

☐ Liste mit allen geforderten Nachweisen erstellen.

☐ Liegt Eintrag in Präqualifizierungsverzeichnis
(z. B. http://www.pq-vol.de oder www.pq-verein.de) vor?

Hinweis: Die folgende Liste variiert je nach Ausschreibung

☐ Steuerliche Unbedenklichkeitsbescheinigung des Finanzamts

☐ Bescheinigung der Krankenkasse(n) über lückenlose Beitragsentrichtung

☐ Bescheinigung der Berufsgenossenschaft über lückenlose Beitragsentrichtung

☐ Auskunft Gewerbezentralregister 3 (GZR 3), Auskunft Gewerbezentralregister 4
(GZR 4), alternativ: Eigenerklärung, dass keine schwere Verfehlung vorliegt

☐ Handelsregisterauszug

☐ Gewerbean- bzw. -ummeldung, ggf. Gewerbeerlaubnis

☐ Zugehörigkeitsbescheinigung IHK, Handwerkskammer

☐ Nachweis Betriebshaftpflichtversicherung/Berufshaftpflichtversicherung

☐ Nachweis der beruflichen Qualifikation

☐ Eigenerklärung des Unternehmens, dass ein Insolvenzverfahren weder eröffnet oder die
Eröffnung beantragt oder der An trag mangels Masse abgelehnt wurde,
Eigenerklärung, dass sich das Unternehmen nicht in Liquidation befindet

☐ Firmenprofil über die technische Ausstattung

☐ Referenzliste früherer Auftraggeber (Angabe des Rechnungswertes, der Leistungszeit
sowie des öffentlichen oder privaten Auftraggebers)

☐ Eigenerklärung über den Gesamtumsatz/den Umsatz bezüglich der ausgeschriebenen
Leistung

☐ Eigenerklärung über Anzahl der Mitarbeiter

Hinweis: Es ist darauf zu achten, in welcher Form Nachweise vom ÖAG gefordert werden (Original, Kopie, Eigenerklärung) und wie aktuell die Nachweise sein müssen.

Angaben zum Unternehmen:

Umsatzsteuer-Identifikationsnummer (USt-IdNr.):   _____

Steuernummer: _____

Zuständiges Finanzamt: _____

Handelsregister-Nummer: _____

Registergericht: _____

Berufsgenossenschaft: _____

Prüfschritte vor Angebotsabgabe – Einhaltung der Formvorschriften

☐   Originalvordrucke und Formulare des Auftraggebers verwenden.

☐   Anschreiben ohne eigene Allgemeine Geschäftsbedingungen (AGB) oder andere Bedingungen.

☐   Angebotsvordrucke vollständig ausfüllen, auch nicht ausgefüllte/auszufüllende Formulare zurücksenden.

☐   Alle geforderten Preisangaben (in Euro-Beträgen) eintragen, keine Mischkalkulation.

☐   Keine Änderung/Ergänzung an den Verdingungsunterlagen vornehmen (z. B. Streichungen, Randnotizen, nicht vorgesehene Eintragungen).

☐   Eigene Fehler im Angebot deutlich durchstreichen, korrigieren, mit Namenszeichen und Datum versehen.

☐   Alle Anlagen beifügen (Nachweise, Bescheinigungen).
     Hinweis: Noch fehlende aber bereits angeforderte Nachweise Dritter können zunächst durch Eigenerklärungen abgedeckt werden.

☐   Sämtliche Erklärungen abgegeben.

☐   Keine Hinweise auf:
     – eigene Allgemeine Geschäftsbedingungen (AGB)
     – eigene Liefer- oder Zahlungsbedingungen
     – Gerichtsstand
     – von der Ausschreibung abweichende Gewährleistungsbedingungen
     – Haftungsbeschränkung

☐ Keine weiteren, nicht geforderten Unterlagen beifügen.

☐ Versand des Angebots: Vorgaben genau einhalten (in der Regel Prinzip des doppelten verschlossenen Umschlags, Kennzeichnung als Angebot auf eine Ausschreibung), insbesondere auf korrekte Adressierung achten.

☐ Unterschrift(en) an vorgesehener Stelle leisten (in der Regel auf Angebotsvordruck), mit Datum und Firmenstempel versehen, alternativ mit elektronischer Signatur.

☐ Wenn zugelassen: Nebenangebote auf separater Unterlage und als solche gekennzeichnet abgeben. Bei Nebenangeboten die geforderte Gleichwertigkeit durch geeignete Unterlagen/Nachweise zweifelsfrei belegen.

Prüfschritte vor Angebotsabgabe – Einhaltung der inhaltlichen Anforderungen

☐ Angebot auf fachliche und rechnerische Richtigkeit prüfen.

☐ Angebotspreis ist ausreichend kalkuliert.
Hinweis: Der Auftraggeber kann Einsicht in die Kalkulation verlangen.

☐ Absprachen mit Wettbewerbern sind nicht erfolgt, d. h. z. B. keine Beteiligung sowohl als Einzelbieter als auch als Mitglied einer Bietergemeinschaft bei ein und derselben Ausschreibung.

☐ Abgabe von Nebenangeboten nicht erfolgt, sofern nicht ausdrücklich zugelassen.

☐ Nachunternehmer angegeben.

☐ Logische, nachvollziehbare Struktur des Angebots (sofern nicht vom Auftraggeber vorgegeben). Inhaltsverzeichnis. Ggf. Ordner verwenden.

☐ Kopie des gesamten Angebots für eigene Unterlagen erstellen.

Hinweis: Die Checkliste ist lediglich ein Muster und soll dazu beitragen, das Risiko des Angebotsausschlusses zu minimieren. Sie erhebt jedoch keinen Anspruch auf Vollständigkeit. In Abhängigkeit der zugrunde liegenden Vergabe- und Vertragsordnung oder Vergabeordnung, der ausgeschriebenen Leistung oder des jeweiligen ÖAGs können im Einzelfall weniger, mehr oder andere Nachweise gefordert sein.

11 Anhang

11.1 VOB/A

Vergabe- und Vertragsordnung für Bauleistungen (VOB)

Teil A

Allgemeine Bestimmungen für die Vergabe von Bauleistungen

– Ausgabe 2009 –

§ 1 Bauleistungen

Bauleistungen sind Arbeiten jeder Art, durch die eine bauliche Anlage hergestellt, instand gehalten, geändert oder beseitigt wird.

§ 2 Grundsätze

(1)   1. Bauleistungen werden an fachkundige, leistungsfähige und zuverlässige Unternehmen zu angemessenen Preisen in transparenten Vergabeverfahren vergeben.

2. Der Wettbewerb soll die Regel sein. Wettbewerbsbeschränkende und unlautere Verhaltensweisen sind zu bekämpfen.

(2)   Bei der Vergabe von Bauleistungen darf kein Unternehmen diskriminiert werden.

(3)   Es ist anzustreben, die Aufträge so zu erteilen, dass die ganzjährige Bautätigkeit gefördert wird.

(4)   Die Durchführung von Vergabeverfahren zum Zwecke der Markterkundung ist unzulässig.

(5)   Der Auftraggeber soll erst dann ausschreiben, wenn alle Vergabeunterlagen fertig gestellt sind und wenn innerhalb der angegebenen Fristen mit der Ausführung begonnen werden kann.

§ 3 Arten der Vergabe

(1)   Bei Öffentlicher Ausschreibung werden Bauleistungen im vorgeschriebenen Verfahren nach öffentlicher Aufforderung einer unbeschränkten Zahl von Unternehmen zur Einreichung von Angeboten vergeben. Bei Beschränkter Ausschreibung werden Bauleistungen im vorgeschriebenen Verfahren nach Aufforderung einer beschränkten Zahl von Unternehmen zur Einreichung von Angeboten vergeben, gegebenenfalls nach öffentlicher Aufforderung, Teilnahmeanträge zu stellen (Beschränkte Ausschreibung nach Öffentlichem Teilnahmewettbewerb). Bei Freihändiger Vergabe werden Bauleistungen ohne ein förmliches Verfahren vergeben.

(2)   Öffentliche Ausschreibung muss stattfinden, soweit nicht die Eigenart der Leistung oder besondere Umstände eine Abweichung rechtfertigen.

(3)   Beschränkte Ausschreibung kann erfolgen,

1. bis zu folgendem Auftragswert der Bauleistung ohne Umsatzsteuer:

   a) 50 000 EUR für Ausbaugewerke (ohne Energie- und Gebäudetechnik), Landschaftsbau und Straßenausstattung,

   b) 150 000 EUR für Tief-, Verkehrswege- und Ingenieurbau,

   c) 100 000 EUR für alle übrigen Gewerke,

2. wenn eine Öffentliche Ausschreibung kein annehmbares Ergebnis gehabt hat,

3. wenn die Öffentliche Ausschreibung aus anderen Gründen (z. B. Dringlichkeit, Geheimhaltung) unzweckmäßig ist.

(4)   Beschränkte Ausschreibung nach Öffentlichem Teilnahmewettbewerb ist zulässig,

1. wenn die Leistung nach ihrer Eigenart nur von einem beschränkten Kreis von Unternehmen in geeigneter Weise ausgeführt werden kann, besonders wenn außergewöhnliche Zuverlässigkeit oder Leistungsfähigkeit (z. B. Erfahrung, technische Einrichtungen oder fachkundige Arbeitskräfte) erforderlich ist,

2. wenn die Bearbeitung des Angebots wegen der Eigenart der Leistung einen außergewöhnlich hohen Aufwand erfordert.

(5)   Freihändige Vergabe ist zulässig, wenn die Öffentliche Ausschreibung oder Beschränkte Ausschreibung unzweckmäßig ist, besonders

1. wenn für die Leistung aus besonderen Gründen (z. B. Patentschutz, besondere Erfahrung oder Geräte) nur ein bestimmtes Unternehmen in Betracht kommt,

2. wenn die Leistung besonders dringlich ist,

3. wenn die Leistung nach Art und Umfang vor der Vergabe nicht so eindeutig und erschöpfend festgelegt werden kann, dass hinreichend vergleichbare Angebote erwartet werden können,

4. wenn nach Aufhebung einer Öffentlichen Ausschreibung oder Beschränkten Ausschreibung eine erneute Ausschreibung kein annehmbares Ergebnis verspricht,

5. wenn es aus Gründen der Geheimhaltung erforderlich ist,

6. wenn sich eine kleine Leistung von einer vergebenen größeren Leistung nicht ohne Nachteil trennen lässt.

Freihändige Vergabe kann außerdem bis zu einem Auftragswert von 10 000 EUR ohne Umsatzsteuer erfolgen.

§ 4 Vertragsarten

(1)   Bauleistungen sind so zu vergeben, dass die Vergütung nach Leistung bemessen wird (Leistungsvertrag), und zwar:

1. in der Regel zu Einheitspreisen für technisch und wirtschaftlich einheitliche Teilleistungen, deren Menge nach Maß, Gewicht oder Stückzahl vom Auftraggeber in den Vertragsunterlagen anzugeben ist (Einheitspreisvertrag),

2. in geeigneten Fällen für eine Pauschalsumme, wenn die Leistung nach Ausführungsart und Umfang genau bestimmt ist und mit einer Änderung bei der Ausführung nicht zu rechnen ist (Pauschalvertrag).

(2)   Abweichend von Absatz 1 können Bauleistungen geringeren Umfangs, die überwiegend Lohnkosten verursachen, im Stundenlohn vergeben werden (Stundenlohnvertrag).

(3)   Das Angebotsverfahren ist darauf abzustellen, dass der Bieter die Preise, die er für seine Leistungen fordert, in die Leistungsbeschreibung einzusetzen oder in anderer Weise im Angebot anzugeben hat.

(4)   Das Auf- und Abgebotsverfahren, bei dem vom Auftraggeber angegebene Preise dem Auf- und Abgebot der Bieter unterstellt werden, soll nur ausnahmsweise bei regelmäßig wiederkehrenden Unterhaltungsarbeiten, deren Umfang möglichst zu umgrenzen ist, angewandt werden.

§ 5 Vergabe nach Losen, Einheitliche Vergabe

(1)   Bauleistungen sollen so vergeben werden, dass eine einheitliche Ausführung und zweifelsfreie umfassende Haftung für Mängelansprüche erreicht wird; sie sollen daher in der Regel mit den zur Leistung gehörigen Lieferungen vergeben werden.

(2)   Bauleistungen sind in der Menge aufgeteilt (Teillose) und getrennt nach Art oder Fachgebiet (Fachlose) zu vergeben. 2Bei der Vergabe kann aus wirtschaftlichen oder technischen Gründen auf eine Aufteilung oder Trennung verzichtet werden.

§ 6 Teilnehmer am Wettbewerb

(1)   1. Der Wettbewerb darf nicht auf Unternehmen beschränkt werden, die in bestimmten Regionen oder Orten ansässig sind.

2. Bietergemeinschaften sind Einzelbietern gleichzusetzen, wenn sie die Arbeiten im eigenen Betrieb oder in den Betrieben der Mitglieder ausführen.

3. Justizvollzugsanstalten, Einrichtungen der Jugendhilfe, Aus- und Fortbildungsstätten und ähnliche Einrichtungen sowie Betriebe der öffentlichen Hand und Verwaltungen sind zum Wettbewerb mit gewerblichen Unternehmen nicht zuzulassen.

(2)   1. Bei Öffentlicher Ausschreibung sind die Unterlagen an alle Bewerber abzugeben, die sich gewerbsmäßig mit der Ausführung von Leistungen der ausgeschriebenen Art befassen.

2. Bei Beschränkter Ausschreibung sollen mehrere, im Allgemeinen mindestens 3 geeignete Bewerber aufgefordert werden.

3. Bei Beschränkter Ausschreibung und Freihändiger Vergabe soll unter den Bewerbern möglichst gewechselt werden.

(3)   1. Zum Nachweis ihrer Eignung ist die Fachkunde, Leistungsfähigkeit und Zuverlässigkeit der Bewerber oder Bieter zu prüfen.

2. Dieser Nachweis kann mit der vom Auftraggeber direkt abrufbaren Eintragung in die allgemein zugängliche Liste des Vereins für die Präqualifikation von Bauunternehmen e. V. (Präqualifikationsverzeichnis) erfolgen und umfasst die folgenden Angaben:

   a) den Umsatz des Unternehmens jeweils bezogen auf die letzten drei abgeschlossenen Geschäftsjahre, soweit er Bauleistungen und andere Leistungen betrifft, die mit der zu vergebenden Leistung vergleichbar sind, unter Einschluss des Anteils bei gemeinsam mit anderen Unternehmen ausgeführten Aufträgen,

b) die Ausführung von Leistungen in den letzten drei abgeschlossenen Geschäfts-jahren, die mit der zu vergebenden Leistung vergleichbar sind,

c) die Zahl der in den letzten drei abgeschlossenen Geschäftsjahren jahresdurch-schnittlich beschäftigten Arbeitskräfte, gegliedert nach Lohngruppen mit geson-dert ausgewiesenem technischen Leitungspersonal,

d) die Eintragung in das Berufsregister ihres Sitzes oder Wohnsitzes,

sowie Angaben,

e) ob ein Insolvenzverfahren oder ein vergleichbares gesetzlich geregeltes Verfah-ren eröffnet oder die Eröffnung beantragt worden ist oder der Antrag mangels Masse abgelehnt wurde oder ein Insolvenzplan rechtskräftig bestätigt wurde,

f) ob sich das Unternehmen in Liquidation befindet,

g) dass nachweislich keine schwere Verfehlung begangen wurde, die die Zuverläs-sigkeit als Bewerber infrage stellt,

h) dass die Verpflichtung zur Zahlung von Steuern und Abgaben sowie der Beiträ-ge zur gesetzlichen Sozialversicherung ordnungsgemäß erfüllt wurde,

i) dass sich das Unternehmen bei der Berufsgenossenschaft angemeldet hat. Diese Angaben können die Bewerber oder Bieter auch durch Einzelnachweise erbrin-gen. Der Auftraggeber kann dabei vorsehen, dass für einzelne Angaben Eigener-klärungen ausreichend sind. Diese sind von den Bietern, deren Angebote in die engere Wahl kommen, durch entsprechende Bescheinigungen der zuständigen Stellen zu bestätigen.

3. Andere, auf den konkreten Auftrag bezogene zusätzliche, insbesondere für die Prü-fung der Fachkunde geeignete Angaben können verlangt werden.

4. Der Auftraggeber wird andere ihm geeignet erscheinende Nachweise der wirtschaft-lichen und finanziellen Leistungsfähigkeit zulassen, wenn er feststellt, dass stichhaltige Gründe dafür bestehen.

5. Bei Öffentlicher Ausschreibung sind in der Aufforderung zur Angebotsabgabe die Nachweise zu bezeichnen, deren Vorlage mit dem Angebot verlangt oder deren spätere Anforderung vorbehalten wird. Bei Beschränkter Ausschreibung nach Öffentlichem Teilnahmewettbewerb ist zu verlangen, dass die Nachweise bereits mit dem Teilnahme-antrag vorgelegt werden.

6. Bei Beschränkter Ausschreibung und Freihändiger Vergabe ist vor der Aufforde-rung zur Angebotsabgabe die Eignung der Bewerber zu prüfen. Dabei sind die Bewer-ber auszuwählen, deren Eignung die für die Erfüllung der vertraglichen Verpflichtun-gen notwendige Sicherheit bietet; dies bedeutet, dass sie die erforderliche Fachkunde, Leistungsfähigkeit und Zuverlässigkeit besitzen und über ausreichende technische und wirtschaftliche Mittel verfügen.

§ 7 Leistungsbeschreibung
Allgemeines

(1)   1. Die Leistung ist eindeutig und so erschöpfend zu beschreiben, dass alle Bewerber die Beschreibung im gleichen Sinne verstehen müssen und ihre Preise sicher und ohne umfangreiche Vorarbeiten berechnen können.

2. Um eine einwandfreie Preisermittlung zu ermöglichen, sind alle sie beeinflussenden Umstände festzustellen und in den Vergabeunterlagen anzugeben.

3. Dem Auftragnehmer darf kein ungewöhnliches Wagnis aufgebürdet werden für Umstände und Ereignisse, auf die er keinen Einfluss hat und deren Einwirkung auf die Preise und Fristen er nicht im Voraus schätzen kann.

4. Bedarfspositionen sind grundsätzlich nicht in die Leistungsbeschreibung aufzunehmen. Angehängte Stundenlohnarbeiten dürfen nur in dem unbedingt erforderlichen Umfang in die Leistungsbeschreibung aufgenommen werden.

5. Erforderlichenfalls sind auch der Zweck und die vorgesehene Beanspruchung der fertigen Leistung anzugeben.

6. Die für die Ausführung der Leistung wesentlichen Verhältnisse der Baustelle, z. B. Boden- und Wasserverhältnisse, sind so zu beschreiben, dass der Bewerber ihre Auswirkungen auf die bauliche Anlage und die Bauausführung hinreichend beurteilen kann.

7. Die „Hinweise für das Aufstellen der Leistungsbeschreibung" in Abschnitt 0 der Allgemeinen Technischen Vertragsbedingungen für Bauleistungen, DIN 18299 ff., sind zu beachten.

(2)   Bei der Beschreibung der Leistung sind die verkehrsüblichen Bezeichnungen zu beachten.

Technische Spezifikationen

(3)   Die technischen Anforderungen (Spezifikationen – siehe Anhang TS Nummer 1) an den Auftragsgegenstand müssen allen Bewerbern gleichermaßen zugänglich sein.

(4)   Die technischen Spezifikationen sind in den Vergabeunterlagen zu formulieren:

1. entweder unter Bezugnahme auf die in Anhang TS definierten technischen Spezifikationen in der Rangfolge

   a) nationale Normen, mit denen europäische Normen umgesetzt werden,

   b) europäische technische Zulassungen,

   c) gemeinsame technische Spezifikationen,

   d) internationale Normen und andere technische Bezugsysteme, die von den europäischen Normungsgremien erarbeitet wurden oder,

   e) falls solche Normen und Spezifikationen fehlen, nationale Normen, nationale technische Zulassungen oder nationale technische Spezifikationen für die Planung, Berechnung und Ausführung von Bauwerken und den Einsatz von Produkten.

Jede Bezugnahme ist mit dem Zusatz „oder gleichwertig" zu versehen;

2. oder in Form von Leistungs- oder Funktionsanforderungen, die so genau zu fassen sind, dass sie den Unternehmen ein klares Bild vom Auftragsgegenstand vermitteln und dem Auftraggeber die Erteilung des Zuschlags ermöglichen;

3. oder in Kombination von Nummer 1 und Nummer 2, d. h.

    a) in Form von Leistungs- oder Funktionsanforderungen unter Bezugnahme auf die Spezifikationen gemäß Nummer 1 als Mittel zur Vermutung der Konformität mit diesen Leistungs- oder Funktionsanforderungen;

    b) oder mit Bezugnahme auf die Spezifikationen gemäß Nummer 1 hinsichtlich bestimmter Merkmale und mit Bezugnahme auf die Leistungs- oder Funktionsanforderungen gemäß Nummer 2 hinsichtlich anderer Merkmale.

(5) Verweist der Auftraggeber in der Leistungsbeschreibung auf die in Absatz 4 Nummer 1 genannten Spezifikationen, so darf er ein Angebot nicht mit der Begründung ablehnen, die angebotene Leistung entspräche nicht den herangezogenen Spezifikationen, sofern der Bieter in seinem Angebot dem Auftraggeber nachweist, dass die von ihm vorgeschlagenen Lösungen den Anforderungen der technischen Spezifikation, auf die Bezug genommen wurde, gleichermaßen entsprechen. Als geeignetes Mittel kann eine technische Beschreibung des Herstellers oder ein Prüfbericht einer anerkannten Stelle gelten.

(6) Legt der Auftraggeber die technischen Spezifikationen in Form von Leistungs- oder Funktionsanforderungen fest, so darf er ein Angebot, das einer nationalen Norm entspricht, mit der eine europäische Norm umgesetzt wird, oder einer europäischen technischen Zulassung, einer gemeinsamen technischen Spezifikation, einer internationalen Norm oder einem technischen Bezugssystem, das von den europäischen Normungsgremien erarbeitet wurde, entspricht, nicht zurückweisen, wenn diese Spezifikationen die geforderten Leistungs- oder Funktionsanforderungen betreffen. Der Bieter muss in seinem Angebot mit geeigneten Mitteln dem Auftraggeber nachweisen, dass die der Norm entsprechende jeweilige Leistung den Leistungs- oder Funktionsanforderungen des Auftraggebers entspricht. Als geeignetes Mittel kann eine technische Beschreibung des Herstellers oder ein Prüfbericht einer anerkannten Stelle gelten.

(7) Schreibt der Auftraggeber Umwelteigenschaften in Form von Leistungs- oder Funktionsanforderungen vor, so kann er die Spezifikationen verwenden, die in europäischen, multinationalen oder anderen Umweltzeichen definiert sind, wenn

1. sie sich zur Definition der Merkmale des Auftragsgegenstands eignen,

2. die Anforderungen des Umweltzeichens auf Grundlage von wissenschaftlich abgesicherten Informationen ausgearbeitet werden,

3. die Umweltzeichen im Rahmen eines Verfahrens erlassen werden, an dem interessierte Kreise – wie z. B. staatliche Stellen, Verbraucher, Hersteller, Händler und Umweltorganisationen – teilnehmen können, und

4. wenn das Umweltzeichen für alle Betroffenen zugänglich und verfügbar ist. Der Auftraggeber kann in den Vergabeunterlagen angeben, dass bei Leistungen, die mit einem Umweltzeichen ausgestattet sind, vermutet wird, dass sie den in der Leistungsbeschreibung festgelegten technischen Spezifikationen genügen. Der Auftraggeber muss jedoch auch jedes andere geeignete Beweismittel, wie technische Unterlagen des Herstellers oder Prüfberichte anerkannter Stellen, akzeptieren. Anerkannte Stellen sind die Prüf- und Eichlaboratorien sowie die Inspektions- und Zertifizierungsstellen, die mit

den anwendbaren europäischen Normen übereinstimmen. Der Auftraggeber erkennt Bescheinigungen von in anderen Mitgliedstaaten ansässigen anerkannten Stellen an.

(8) Soweit es nicht durch den Auftragsgegenstand gerechtfertigt ist, darf in technischen Spezifikationen nicht auf eine bestimmte Produktion oder Herkunft oder ein besonderes Verfahren oder auf Marken, Patente, Typen eines bestimmten Ursprungs oder einer bestimmten Produktion verwiesen werden, wenn dadurch bestimmte Unternehmen oder bestimmte Produkte begünstigt oder ausgeschlossen werden. Solche Verweise sind jedoch ausnahmsweise zulässig, wenn der Auftragsgegenstand nicht hinreichend genau und allgemein verständlich beschrieben werden kann; solche Verweise sind mit dem Zusatz „oder gleichwertig" zu versehen.

Leistungsbeschreibung mit Leistungsverzeichnis

(9) Die Leistung ist in der Regel durch eine allgemeine Darstellung der Bauaufgabe (Baubeschreibung) und ein in Teilleistungen gegliedertes Leistungsverzeichnis zu beschreiben.

(10) Erforderlichenfalls ist die Leistung auch zeichnerisch oder durch Probestücke darzustellen oder anders zu erklären, z. B. durch Hinweise auf ähnliche Leistungen, durch Mengen- oder statische Berechnungen. Zeichnungen und Proben, die für die Ausführung maßgebend sein sollen, sind eindeutig zu bezeichnen.

(11) Leistungen, die nach den Vertragsbedingungen, den Technischen Vertragsbedingungen oder der gewerblichen Verkehrssitte zu der geforderten Leistung gehören (§ 2 Absatz 1 VOB/B), brauchen nicht besonders aufgeführt zu werden.

(12) Im Leistungsverzeichnis ist die Leistung derart aufzugliedern, dass unter einer Ordnungszahl (Position) nur solche Leistungen aufgenommen werden, die nach ihrer technischen Beschaffenheit und für die Preisbildung als in sich gleichartig anzusehen sind. Ungleichartige Leistungen sollen unter einer Ordnungszahl (Sammelposition) nur zusammengefasst werden, wenn eine Teilleistung gegenüber einer anderen für die Bildung eines Durchschnittspreises ohne nennenswerten Einfluss ist.

Leistungsbeschreibung mit Leistungsprogramm

(13) Wenn es nach Abwägen aller Umstände zweckmäßig ist, abweichend von Absatz 9 zusammen mit der Bauausführung auch den Entwurf für die Leistung dem Wettbewerb zu unterstellen, um die technisch, wirtschaftlich und gestalterisch beste sowie funktionsgerechteste Lösung der Bauaufgabe zu ermitteln, kann die Leistung durch ein Leistungsprogramm dargestellt werden.

(14) 1. Das Leistungsprogramm umfasst eine Beschreibung der Bauaufgabe, aus der die Bewerber alle für die Entwurfsbearbeitung und ihr Angebot maßgebenden Bedingungen und Umstände erkennen können und in der sowohl der Zweck der fertigen Leistung als auch die an sie gestellten technischen, wirtschaftlichen, gestalterischen und funktionsbedingten Anforderungen angegeben sind, sowie gegebenenfalls ein Musterleistungsverzeichnis, in dem die Mengenangaben ganz oder teilweise offen gelassen sind.

2. Die Absätze 10 bis 12 gelten sinngemäß.

(15) Von dem Bieter ist ein Angebot zu verlangen, das außer der Ausführung der Leistung den Entwurf nebst eingehender Erläuterung und eine Darstellung der Bauausführung sowie eine eingehende und zweckmäßig gegliederte Beschreibung der Leistung – gegebenenfalls mit Mengen- und Preisangaben für Teile der Leistung – umfasst. Bei Be-

schreibung der Leistung mit Mengen- und Preisangaben ist vom Bieter zu verlangen, dass er

1. die Vollständigkeit seiner Angaben, insbesondere die von ihm selbst ermittelten Mengen, entweder ohne Einschränkung oder im Rahmen einer in den Vergabeunterlagen anzugebenden Mengentoleranz vertritt, und dass er

2. etwaige Annahmen, zu denen er in besonderen Fällen gezwungen ist, weil zum Zeitpunkt der Angebotsabgabe einzelne Teilleistungen nach Art und Menge noch nicht bestimmt werden können (z. B. Aushub-, Abbruch- oder Wasserhaltungsarbeiten) – erforderlichenfalls anhand von Plänen und Mengenermittlungen – begründet.

§ 8 Vergabeunterlagen

(1)   Die Vergabeunterlagen bestehen aus

1. dem Anschreiben (Aufforderung zur Angebotsabgabe), gegebenenfalls Bewerbungsbedingungen (§ 8 Absatz 2) und

2. den Vertragsunterlagen (§§ 7 und 8 Absätze 3 bis 6).

(2)   1. Das Anschreiben muss alle Angaben nach § 12 Absatz 1 Nummer 2 enthalten, die außer den Vertragsunterlagen für den Entschluss zur Abgabe eines Angebots notwendig sind, sofern sie nicht bereits veröffentlicht wurden.

2. Der Auftraggeber kann die Bieter auffordern, in ihrem Angebot die Leistungen anzugeben, die sie an Nachunternehmen zu vergeben beabsichtigen.

3. Der Auftraggeber hat anzugeben:

   a) ob er Nebenangebote nicht zulässt,

   b) ob er Nebenangebote ausnahmsweise nur in Verbindung mit einem Hauptangebot zulässt.

Von Bietern, die eine Leistung anbieten, deren Ausführung nicht in Allgemeinen Technischen Vertragsbedingungen oder in den Vergabeunterlagen geregelt ist, sind im Angebot entsprechende Angaben über Ausführung und Beschaffenheit dieser Leistung zu verlangen.

4. Auftraggeber, die ständig Bauleistungen vergeben, sollen die Erfordernisse, die die Bewerber bei der Bearbeitung ihrer Angebote beachten müssen, in den Bewerbungsbedingungen zusammenfassen und dem Anschreiben beifügen.

(3)   In den Vergabeunterlagen ist vorzuschreiben, dass die Allgemeinen Vertragsbedingungen für die Ausführung von Bauleistungen (VOB/B) und die Allgemeinen Technischen Vertragsbedingungen für Bauleistungen (VOB/C) Bestandteile des Vertrags werden. Das gilt auch für etwaige Zusätzliche Vertragsbedingungen und etwaige Zusätzliche Technische Vertragsbedingungen, soweit sie Bestandteile des Vertrags werden sollen.

(4)   1. Die Allgemeinen Vertragsbedingungen bleiben grundsätzlich unverändert. Sie können von Auftraggebern, die ständig Bauleistungen vergeben, für die bei ihnen allgemein gegebenen Verhältnisse durch Zusätzliche Vertragsbedingungen ergänzt werden. Diese dürfen den Allgemeinen Vertragsbedingungen nicht widersprechen.

2. Für die Erfordernisse des Einzelfalles sind die Allgemeinen Vertragsbedingungen und etwaige Zusätzliche Vertragsbedingungen durch Besondere Vertragsbedingungen

zu ergänzen. In diesen sollen sich Abweichungen von den Allgemeinen Vertragsbedingungen auf die Fälle beschränken, in denen dort besondere Vereinbarungen ausdrücklich vorgesehen sind und auch nur soweit es die Eigenart der Leistung und ihre Ausführung erfordern.

(5) Die Allgemeinen Technischen Vertragsbedingungen bleiben grundsätzlich unverändert. 2Sie können von Auftraggebern, die ständig Bauleistungen vergeben, für die bei ihnen allgemein gegebenen Verhältnisse durch Zusätzliche Technische Vertragsbedingungen ergänzt werden. 3Für die Erfordernisse des Einzelfalles sind Ergänzungen und Änderungen in der Leistungsbeschreibung festzulegen.

(6) 1. In den Zusätzlichen Vertragsbedingungen oder in den Besonderen Vertragsbedingungen sollen, soweit erforderlich, folgende Punkte geregelt werden:

   a) Unterlagen (§ 8 Absatz 9; § 3 Absätze 5 und 6 VOB/B),

   b) Benutzung von Lager- und Arbeitsplätzen, Zufahrtswegen, Anschlussgleisen, Wasser- und Energieanschlüssen (§ 4 Absatz 4 VOB/B),

   c) Weitervergabe an Nachunternehmen (§ 4 Absatz 8 VOB/B),

   d) Ausführungsfristen (§ 9 Absatz 1 bis 4; § 5 VOB/B),

   e) Haftung (§ 10 Absatz 2 VOB/B),

   f) Vertragsstrafen und Beschleunigungsvergütungen (§ 9 Absatz 5; § 11 VOB/B),

   g) Abnahme (§ 12 VOB/B),

   h) Vertragsart (§ 4), Abrechnung (§ 14 VOB/B),

   i) Stundenlohnarbeiten (§ 15 VOB/B),

   j) Zahlungen, Vorauszahlungen (§ 16 VOB/B),

   k) Sicherheitsleistung (§ 9 Absatz 7 und 8; § 17 VOB/B),

   l) Gerichtsstand (§ 18 Absatz 1 VOB/B),

   n) Änderung der Vertragspreise (§ 9 Absatz 9).

2. Im Einzelfall erforderliche besondere Vereinbarungen über die Mängelansprüche sowie deren Verjährung (§ 9 Absatz 6; § 13 Absatz 1, 4 und 7 VOB/B) und über die Verteilung der Gefahr bei Schäden, die durch Hochwasser, Sturmfluten, Grundwasser, Wind, Schnee, Eis und dergleichen entstehen können (§ 7 VOB/B), sind in den Besonderen Vertragsbedingungen zu treffen. Sind für bestimmte Bauleistungen gleich gelagerte Voraussetzungen im Sinne von § 9 Absatz 6 gegeben, so dürfen die besonderen Vereinbarungen auch in Zusätzlichen Technischen Vertragsbedingungen vorgesehen werden.

(7) 1. Bei Öffentlicher Ausschreibung kann eine Erstattung der Kosten für die Vervielfältigung der Leistungsbeschreibung und der anderen Unterlagen sowie für die Kosten der postalischen Versendung verlangt werden.

2. Bei Beschränkter Ausschreibung und Freihändiger Vergabe sind alle Unterlagen unentgeltlich abzugeben.

(8) 1. Für die Bearbeitung des Angebots wird keine Entschädigung gewährt. Verlangt jedoch der Auftraggeber, dass der Bewerber Entwürfe, Pläne, Zeichnungen, statische Berechnungen, Mengenberechnungen oder andere Unterlagen ausarbeitet, insbesondere

in den Fällen des § 7 Absatz 13 bis 15, so ist einheitlich für alle Bieter in der Ausschreibung eine angemessene Entschädigung festzusetzen. Diese Entschädigung steht jedem Bieter zu, der ein der Ausschreibung entsprechendes Angebot mit den geforderten Unterlagen rechtzeitig eingereicht hat.

2. Diese Grundsätze gelten für die Freihändige Vergabe entsprechend.

(9)   Der Auftraggeber darf Angebotsunterlagen und die in den Angeboten enthaltenen eigenen Vorschläge eines Bieters nur für die Prüfung und Wertung der Angebote (§ 16) verwenden. Eine darüber hinausgehende Verwendung bedarf der vorherigen schriftlichen Vereinbarung.

(10)   Sollen Streitigkeiten aus dem Vertrag unter Ausschluss des ordentlichen Rechtswegs im schiedsrichterlichen Verfahren ausgetragen werden, so ist es in besonderer, nur das Schiedsverfahren betreffender Urkunde zu vereinbaren, soweit nicht § 1031 Absatz 2 der Zivilprozessordnung auch eine andere Form der Vereinbarung zulässt.

§ 9 Vertragsbedingungen

Ausführungsfristen

(1)   1. Die Ausführungsfristen sind ausreichend zu bemessen; Jahreszeit, Arbeitsbedingungen und etwaige besondere Schwierigkeiten sind zu berücksichtigen. Für die Bauvorbereitung ist dem Auftragnehmer genügend Zeit zu gewähren.

2. Außergewöhnlich kurze Fristen sind nur bei besonderer Dringlichkeit vorzusehen.

3. Soll vereinbart werden, dass mit der Ausführung erst nach Aufforderung zu beginnen ist (§ 5 Absatz 2 VOB/B), so muss die Frist, innerhalb derer die Aufforderung ausgesprochen werden kann, unter billiger Berücksichtigung der für die Ausführung maßgebenden Verhältnisse zumutbar sein; sie ist in den Vergabeunterlagen festzulegen.

(2)   1. Wenn es ein erhebliches Interesse des Auftraggebers erfordert, sind Einzelfristen für in sich abgeschlossene Teile der Leistung zu bestimmen.

2. Wird ein Bauzeitenplan aufgestellt, damit die Leistungen aller Unternehmen sicher ineinandergreifen, so sollen nur die für den Fortgang der Gesamtarbeit besonders wichtigen Einzelfristen als vertraglich verbindliche Fristen (Vertragsfristen) bezeichnet werden.

(3)   Ist für die Einhaltung von Ausführungsfristen die Übergabe von Zeichnungen oder anderen Unterlagen wichtig, so soll hierfür ebenfalls eine Frist festgelegt werden.

(4)   Der Auftraggeber darf in den Vertragsunterlagen eine Pauschalierung des Verzugsschadens (§ 5 Absatz 4 VOB/B) vorsehen; sie soll 5 v. H. der Auftragssumme nicht überschreiten. 2Der Nachweis eines geringeren Schadens ist zuzulassen.

Vertragsstrafen, Beschleunigungsvergütung

(5)   Vertragsstrafen für die Überschreitung von Vertragsfristen sind nur zu vereinbaren, wenn die Überschreitung erhebliche Nachteile verursachen kann. Die Strafe ist in angemessenen Grenzen zu halten. Beschleunigungsvergütung (Prämien) sind nur vorzusehen, wenn die Fertigstellung vor Ablauf der Vertragsfristen erhebliche Vorteile bringt.

Verjährung der Mängelansprüche

(6)   Andere Verjährungsfristen als nach § 13 Absatz 4 VOB/B sollen nur vorgesehen wer-
        den, wenn dies wegen der Eigenart der Leistung erforderlich ist. In solchen Fällen sind
        alle Umstände gegeneinander abzuwägen, insbesondere, wann etwaige Mängel wahr-
        scheinlich erkennbar werden und wieweit die Mängelursachen noch nachgewiesen
        werden können, aber auch die Wirkung auf die Preise und die Notwendigkeit einer bil-
        ligen Bemessung der Verjährungsfristen für Mängelansprüche.

Sicherheitsleistung

(7)   Auf Sicherheitsleistung soll ganz oder teilweise verzichtet werden, wenn Mängel der
        Leistung voraussichtlich nicht eintreten. Unterschreitet die Auftragssumme 250 000
        EUR ohne Umsatzsteuer, ist auf Sicherheitsleistung für die Vertragserfüllung und in der
        Regel auf Sicherheitsleistung für die Mängelansprüche zu verzichten. Bei Beschränkter
        Ausschreibung sowie bei Freihändiger Vergabe sollen Sicherheitsleistungen in der Re-
        gel nicht verlangt werden.

(8)   Die Sicherheit soll nicht höher bemessen und ihre Rückgabe nicht für einen späteren
        Zeitpunkt vorgesehen werden, als nötig ist, um den Auftraggeber vor Schaden zu be-
        wahren. Die Sicherheit für die Erfüllung sämtlicher Verpflichtungen aus dem Vertrag
        soll 5 v. H. der Auftragssumme nicht überschreiten. Die Sicherheit für Mängelansprü-
        che soll 3 v. H. der Abrechnungssumme nicht überschreiten.

Änderung der Vergütung

(9)   Sind wesentliche Änderungen der Preisermittlungsgrundlagen zu erwarten, deren Ein-
        tritt oder Ausmaß ungewiss ist, so kann eine angemessene Änderung der Vergütung in
        den Vertragsunterlagen vorgesehen werden. Die Einzelheiten der Preisänderungen sind
        festzulegen.

§ 10 Fristen

(1)   Für die Bearbeitung und Einreichung der Angebote ist eine ausreichende Angebotsfrist
        vorzusehen, auch bei Dringlichkeit nicht unter 10 Kalendertagen. Dabei ist insbesonde-
        re der zusätzliche Aufwand für die Besichtigung von Baustellen oder die Beschaffung
        von Unterlagen für die Angebotsbearbeitung zu berücksichtigen.

(2)   Die Angebotsfrist läuft ab, sobald im Eröffnungstermin der Verhandlungsleiter mit der
        Öffnung der Angebote beginnt.

(3)   Bis zum Ablauf der Angebotsfrist können Angebote in Textform zurückgezogen wer-
        den.

(4)   Für die Einreichung von Teilnahmeanträgen bei Beschränkter Ausschreibung nach
        Öffentlichem Teilnahmewettbewerb ist eine ausreichende Bewerbungsfrist vorzusehen.

(5)   Die Zuschlagsfrist beginnt mit dem Eröffnungstermin.

(6)   Die Zuschlagsfrist soll so kurz wie möglich und nicht länger bemessen werden, als der
        Auftraggeber für eine zügige Prüfung und Wertung der Angebote (§ 16) benötigt. Eine
        längere Zuschlagsfrist als 30 Kalendertage soll nur in begründeten Fällen festgelegt
        werden. 3Das Ende der Zuschlagsfrist ist durch Angabe des Kalendertages zu bezeich-
        nen.

(7)   Es ist vorzusehen, dass der Bieter bis zum Ablauf der Zuschlagsfrist an sein Angebot gebunden ist.

(8)   Die Absätze 5 bis 7 gelten bei Freihändiger Vergabe entsprechend.

§ 11 Grundsätze der Informationsübermittlung

(1)   1. Die Auftraggeber geben in der Bekanntmachung oder den Vergabeunterlagen an, ob Informationen per Post, Telefax, direkt, elektronisch oder durch eine Kombination dieser Kommunikationsmittel übermittelt werden.

2. Das für die elektronische Übermittlung gewählte Netz muss allgemein verfügbar sein und darf den Zugang der Bewerber und Bieter zu den Vergabeverfahren nicht beschränken. Die dafür zu verwendenden Programme und ihre technischen Merkmale müssen allgemein zugänglich, mit allgemein verbreiteten Erzeugnissen der Informations- und Kommunikationstechnologie kompatibel und nicht diskriminierend sein.

3. Die Auftraggeber haben dafür Sorge zu tragen, dass den interessierten Unternehmen die Informationen über die Spezifikationen der Geräte, die für die elektronische Übermittlung der Anträge auf Teilnahme und der Angebote erforderlich sind, einschließlich Verschlüsselung zugänglich sind. Außerdem muss gewährleistet sein, dass die in Anhang I genannten Anforderungen erfüllt sind.

(2)   Der Auftraggeber kann im Internet ein Beschafferprofil einrichten, in dem allgemeine Informationen wie Kontaktstelle, Telefon- und Faxnummer, Postanschrift und E-Mail-Adresse sowie Angaben über Ausschreibungen, geplante und vergebene Aufträge oder aufgehobene Verfahren veröffentlicht werden können.

§ 12 Bekanntmachung, Versand der Vergabeunterlagen

(1)   1. Öffentliche Ausschreibungen sind bekannt zu machen, z. B. in Tageszeitungen, amtlichen Veröffentlichungsblättern oder auf Internetportalen, sie können auch auf www.bund.de veröffentlicht werden.

2. Diese Bekanntmachungen sollen folgende Angaben enthalten:

   a) Name, Anschrift, Telefon-, Telefaxnummer sowie E-Mail-Adresse des Auftraggebers (Vergabestelle),

   b) gewähltes Vergabeverfahren,

   c) gegebenenfalls Auftragsvergabe auf elektronischem Wege und Verfahren der Ver- und Entschlüsselung,

   d) Art des Auftrags,

   e) Ort der Ausführung,

   f) Art und Umfang der Leistung,

   g) Angaben über den Zweck der baulichen Anlage oder des Auftrags, wenn auch Planungsleistungen gefordert werden,

   h) falls die bauliche Anlage oder der Auftrag in mehrere Lose aufgeteilt ist, Art und Umfang der einzelnen Lose und Möglichkeit, Angebote für eines, mehrere oder alle Lose einzureichen,

     i) Zeitpunkt, bis zu dem die Bauleistungen beendet werden sollen oder Dauer des Bauleistungsauftrags; sofern möglich, Zeitpunkt, zu dem die Bauleistungen begonnen werden sollen,

     j) gegebenenfalls Angaben nach § 8 Absatz 2 Nummer 3 zur Zulässigkeit von Nebenangeboten,

     k) Name und Anschrift, Telefon- und Faxnummer, E-Mail-Adresse der Stelle, bei der die Vergabeunterlagen und zusätzliche Unterlagen angefordert und eingesehen werden können,

     l) gegebenenfalls Höhe und Bedingungen für die Zahlung des Betrags, der für die Unterlagen zu entrichten ist,

     m) bei Teilnahmeantrag: Frist für den Eingang der Anträge auf Teilnahme, Anschrift, an die diese Anträge zu richten sind, Tag, an dem die Aufforderungen zur Angebotsabgabe spätestens abgesandt werden,

     n) Frist für den Eingang der Angebote,

     o) Anschrift, an die die Angebote zu richten sind, gegebenenfalls auch Anschrift, an die Angebote elektronisch zu übermitteln sind,

     p) Sprache, in der die Angebote abgefasst sein müssen,

     q) Datum, Uhrzeit und Ort des Eröffnungstermins sowie Angabe, welche Personen bei der Eröffnung der Angebote anwesend sein dürfen,

     r) gegebenenfalls geforderte Sicherheiten,

     s) wesentliche Finanzierungs- und Zahlungsbedingungen und/oder Hinweise auf die maßgeblichen Vorschriften, in denen sie enthalten sind,

     t) gegebenenfalls Rechtsform, die die Bietergemeinschaft nach der Auftragsvergabe haben muss,

     u) verlangte Nachweise für die Beurteilung der Eignung des Bewerbers oder Bieters,

     v) Zuschlagsfrist,

     w) Name und Anschrift der Stelle, an die sich der Bewerber oder Bieter zur Nachprüfung behaupteter Verstöße gegen Vergabebestimmungen wenden kann.

(2)   1. Bei Beschränkten Ausschreibungen nach Öffentlichem Teilnahmewettbewerb sind die Unternehmen durch Bekanntmachungen, z. B. in Tageszeitungen, amtlichen Veröffentlichungsblättern oder auf Internetportalen, aufzufordern, ihre Teilnahme am Wettbewerb zu beantragen.

       2. Diese Bekanntmachungen sollen die Angaben gemäß § 12 Absatz 1 Nummer 2 enthalten.

(3)   Anträge auf Teilnahme sind auch dann zu berücksichtigen, wenn sie durch Telefax oder in sonstiger Weise elektronisch übermittelt werden, sofern die sonstigen Teilnahmebedingungen erfüllt sind.

(4)   1. Die Vergabeunterlagen sind den Bewerbern unverzüglich in geeigneter Weise zu übermitteln.

2. Die Vergabeunterlagen sind bei Beschränkter Ausschreibung und Freihändiger Vergabe an alle ausgewählten Bewerber am selben Tag abzusenden.

(5)   Wenn von den für die Preisermittlung wesentlichen Unterlagen keine Vervielfältigungen abgegeben werden können, sind diese in ausreichender Weise zur Einsicht auszulegen.

(6)   Die Namen der Bewerber, die Vergabeunterlagen erhalten oder eingesehen haben, sind geheim zu halten.

(7)   Erbitten Bewerber zusätzliche sachdienliche Auskünfte über die Vergabeunterlagen, so sind diese Auskünfte allen Bewerbern unverzüglich in gleicher Weise zu erteilen.

§ 13 Form und Inhalt der Angebote

(1)   1. Der Auftraggeber legt fest, in welcher Form die Angebote einzureichen sind. Schriftlich eingereichte Angebote sind immer zuzulassen. Sie müssen unterzeichnet sein. Elektronisch übermittelte Angebote sind nach Wahl des Auftraggebers mit einer fortgeschrittenen elektronischen Signatur nach dem Signaturgesetz und den Anforderungen des Auftraggebers oder mit einer qualifizierten elektronischen Signatur nach dem Signaturgesetz zu versehen.

2. Die Auftraggeber haben die Datenintegrität und die Vertraulichkeit der Angebote auf geeignete Weise zu gewährleisten. Per Post oder direkt übermittelte Angebote sind in einem verschlossenen Umschlag einzureichen, als solche zu kennzeichnen und bis zum Ablauf der für die Einreichung vorgesehenen Frist unter Verschluss zu halten. Bei elektronisch übermittelten Angeboten ist dies durch entsprechende technische Lösungen nach den Anforderungen des Auftraggebers und durch Verschlüsselung sicherzustellen. Die Verschlüsselung muss bis zur Öffnung des ersten Angebots aufrechterhalten bleiben.

3. Die Angebote müssen die geforderten Preise enthalten.

4. Die Angebote müssen die geforderten Erklärungen und Nachweise enthalten.

5. Änderungen an den Vergabeunterlagen sind unzulässig. Änderungen des Bieters an seinen Eintragungen müssen zweifelsfrei sein.

6. Bieter können für die Angebotsabgabe eine selbst gefertigte Abschrift oder Kurzfassung des Leistungsverzeichnisses benutzen, wenn sie den vom Auftraggeber verfassten Wortlaut des Leistungsverzeichnisses im Angebot als allein verbindlich anerkennen; Kurzfassungen müssen jedoch die Ordnungszahlen (Positionen) vollzählig, in der gleichen Reihenfolge und mit den gleichen Nummern wie in dem vom Auftraggeber verfassten Leistungsverzeichnis, wiedergeben.

7. Muster und Proben der Bieter müssen als zum Angebot gehörig gekennzeichnet sein.

(2)   Eine Leistung, die von den vorgesehenen technischen Spezifikationen nach § 7 Absatz 3 abweicht, kann angeboten werden, wenn sie mit dem geforderten Schutzniveau in Bezug auf Sicherheit, Gesundheit und Gebrauchstauglichkeit gleichwertig ist. 2Die Abweichung muss im Angebot eindeutig bezeichnet sein. 3Die Gleichwertigkeit ist mit dem Angebot nachzuweisen.

(3) Die Anzahl von Nebenangeboten ist an einer vom Auftraggeber in den Vergabeunterlagen bezeichneten Stelle aufzuführen. 2Etwaige Nebenangebote müssen auf besonderer Anlage gemacht und als solche deutlich gekennzeichnet werden.

(4) Soweit Preisnachlässe ohne Bedingungen gewährt werden, sind diese an einer vom Auftraggeber in den Vergabeunterlagen bezeichneten Stelle aufzuführen.

(5) Bietergemeinschaften haben die Mitglieder zu benennen sowie eines ihrer Mitglieder als bevollmächtigten Vertreter für den Abschluss und die Durchführung des Vertrags zu bezeichnen. Fehlt die Bezeichnung des bevollmächtigten Vertreters im Angebot, so ist sie vor der Zuschlagserteilung beizubringen.

(6) Der Auftraggeber hat die Anforderungen an den Inhalt der Angebote nach den Absätzen 1 bis 5 in die Vergabeunterlagen aufzunehmen.

§ 14 Öffnung der Angebote, Eröffnungstermin

(1) Bei Ausschreibungen ist für die Öffnung und Verlesung (Eröffnung) der Angebote ein Eröffnungstermin abzuhalten, in dem nur die Bieter und ihre Bevollmächtigten zugegen sein dürfen. 2Bis zu diesem Termin sind die zugegangenen Angebote auf dem ungeöffneten Umschlag mit Eingangsvermerk zu versehen und unter Verschluss zu halten. 3Elektronische Angebote sind zu kennzeichnen und verschlüsselt aufzubewahren.

(2) Zur Eröffnung zuzulassen sind nur Angebote, die dem Verhandlungsleiter bei Öffnung des ersten Angebots vorliegen.

(3) 1. Der Verhandlungsleiter stellt fest, ob der Verschluss der schriftlichen Angebote unversehrt ist und die elektronischen Angebote verschlüsselt sind.

2. Die Angebote werden geöffnet und in allen wesentlichen Teilen im Eröffnungstermin gekennzeichnet. Name und Anschrift der Bieter und die Endbeträge der Angebote oder ihrer einzelnen Abschnitte, ferner andere den Preis betreffende Angaben (wie z. B. Preisnachlässe ohne Bedingungen) werden verlesen. Es wird bekannt gegeben, ob und von wem und in welcher Zahl Nebenangebote eingereicht sind. Weiteres aus dem Inhalt der Angebote soll nicht mitgeteilt werden.

3. Muster und Proben der Bieter müssen im Termin zur Stelle sein.

(4) 1. Über den Eröffnungstermin ist eine Niederschrift in Schriftform oder in elektronischer Form zu fertigen. Sie ist zu verlesen; in ihr ist zu vermerken, dass sie verlesen und als richtig anerkannt worden ist oder welche Einwendungen erhoben worden sind.

2. Sie ist vom Verhandlungsleiter zu unterschreiben oder mit einer Signatur nach § 13 Absatz 1 Nummer 1 zu versehen; die anwesenden Bieter und Bevollmächtigten sind berechtigt, mit zu unterzeichnen oder eine Signatur nach § 13 Absatz 1 Nummer 1 anzubringen.

(5) Angebote, die bei der Öffnung des ersten Angebots nicht vorgelegen haben (Absatz 2), sind in der Niederschrift oder in einem Nachtrag besonders aufzuführen. 2Die Eingangszeiten und die etwa bekannten Gründe, aus denen die Angebote nicht vorgelegen haben, sind zu vermerken. 3Der Umschlag und andere Beweismittel sind aufzubewahren.

(6) 1. Ein Angebot, das nachweislich vor Ablauf der Angebotsfrist dem Auftraggeber zugegangen war, aber bei Öffnung des ersten Angebots aus vom Bieter nicht zu vertre-

tenden Gründen dem Verhandlungsleiter nicht vorgelegen hat, ist wie ein rechtzeitig vorliegendes Angebot zu behandeln.

2. Den Bietern ist dieser Sachverhalt unverzüglich in Textform mitzuteilen. In die Mitteilung sind die Feststellung, dass der Verschluss unversehrt war und die Angaben nach Absatz 3 Nummer 2 aufzunehmen.

3. Dieses Angebot ist mit allen Angaben in die Niederschrift oder in einen Nachtrag aufzunehmen. Im Übrigen gilt Absatz 5 Satz 2 und 3.

(7)   Den Bietern und ihren Bevollmächtigten ist die Einsicht in die Niederschrift und ihre Nachträge (Absätze 5 und 6 sowie § 16 Absatz 5) zu gestatten; den Bietern sind nach Antragstellung die Namen der Bieter sowie die verlesenen und die nachgerechneten Endbeträge der Angebote sowie die Zahl ihrer Nebenangebote nach der rechnerischen Prüfung unverzüglich mitzuteilen. 2Die Niederschrift darf nicht veröffentlicht werden.

(8)   Die Angebote und ihre Anlagen sind sorgfältig zu verwahren und geheim zu halten; dies gilt auch bei Freihändiger Vergabe.

§ 15 Aufklärung des Angebotsinhalts

(1)   1. Bei Ausschreibungen darf der Auftraggeber nach Öffnung der Angebote bis zur Zuschlagserteilung von einem Bieter nur Aufklärung verlangen, um sich über seine Eignung, insbesondere seine technische und wirtschaftliche Leistungsfähigkeit, das Angebot selbst, etwaige Nebenangebote, die geplante Art der Durchführung, etwaige Ursprungsorte oder Bezugsquellen von Stoffen oder Bauteilen und über die Angemessenheit der Preise, wenn nötig durch Einsicht in die vorzulegenden Preisermittlungen (Kalkulationen), zu unterrichten.

2. Die Ergebnisse solcher Aufklärungen sind geheim zu halten. Sie sollen in Textform niedergelegt werden.

(2)   Verweigert ein Bieter die geforderten Aufklärungen und Angaben oder lässt er die ihm gesetzte angemessene Frist unbeantwortet verstreichen, so kann sein Angebot unberücksichtigt bleiben.

(3)   Verhandlungen, besonders über Änderung der Angebote oder Preise, sind unstatthaft, außer wenn sie bei Nebenangeboten oder Angeboten aufgrund eines Leistungsprogramms nötig sind, um unumgängliche technische Änderungen geringen Umfangs und daraus sich ergebende Änderungen der Preise zu vereinbaren.

§ 16 Prüfung und Wertung der Angebote
Ausschluss

(1)   1. Auszuschließen sind:

   a) Angebote, die im Eröffnungstermin dem Verhandlungsleiter bei Öffnung des ersten Angebots nicht vorgelegen haben, ausgenommen Angebote nach § 14 Absatz 6,

   b) Angebote, die den Bestimmungen des § 13 Absatz 1 Nummern 1, 2 und 5 nicht entsprechen,

   c) Angebote, die den Bestimmungen des § 13 Absatz 1 Nummer 3 nicht entsprechen; ausgenommen solche Angebote, bei denen lediglich in einer einzelnen unwesentlichen Position die Angabe des Preises fehlt und durch die Außerachtlassung dieser Position der Wettbewerb und die Wertungsreihenfolge, auch bei Wertung dieser Position mit dem höchsten Wettbewerbspreis, nicht beeinträchtigt werden,

d) Angebote von Bietern, die in Bezug auf die Ausschreibung eine Abrede getroffen haben, die eine unzulässige Wettbewerbsbeschränkung darstellt,

e) Nebenangebote, wenn der Auftraggeber in der Bekanntmachung oder in den Vergabeunterlagen erklärt hat, dass er diese nicht zulässt,

g) Angebote von Bietern, die im Vergabeverfahren vorsätzlich unzutreffende Erklärungen in Bezug auf ihre Fachkunde, Leistungsfähigkeit und Zuverlässigkeit abgegeben haben.

2. Außerdem können Angebote von Bietern ausgeschlossen werden, wenn

a) ein Insolvenzverfahren oder ein vergleichbares gesetzlich geregeltes Verfahren eröffnet oder die Eröffnung beantragt worden ist oder der Antrag mangels Masse abgelehnt wurde oder ein Insolvenzplan rechtskräftig bestätigt wurde,

b) sich das Unternehmen in Liquidation befindet,

c) nachweislich eine schwere Verfehlung begangen wurde, die die Zuverlässigkeit als Bewerber infrage stellt,

d) die Verpflichtung zur Zahlung von Steuern und Abgaben sowie der Beiträge zur gesetzlichen Sozialversicherung nicht ordnungsgemäß erfüllt wurde,

e) sich das Unternehmen nicht bei der Berufsgenossenschaft angemeldet hat.

3. Fehlen geforderte Erklärungen oder Nachweise und wird das Angebot nicht entsprechend der Nummern 1 oder 2 ausgeschlossen, verlangt der Auftraggeber die fehlenden Erklärungen oder Nachweise nach. Diese sind spätestens innerhalb von 6 Kalendertagen nach Aufforderung durch den Auftraggeber vorzulegen. Die Frist beginnt am Tag nach der Absendung der Aufforderung durch den Auftraggeber. Werden die Erklärungen oder Nachweise nicht innerhalb der Frist vorgelegt, ist das Angebot auszuschließen.

Eignung

(2) 1. Bei Öffentlicher Ausschreibung ist zunächst die Eignung der Bieter zu prüfen. Dabei sind anhand der vorgelegten Nachweise die Angebote der Bieter auszuwählen, deren Eignung die für die Erfüllung der vertraglichen Verpflichtungen notwendigen Sicherheiten bietet; dies bedeutet, dass sie die erforderliche Fachkunde, Leistungsfähigkeit und Zuverlässigkeit besitzen und über ausreichende technische und wirtschaftliche Mittel verfügen.

2. Bei Beschränkter Ausschreibung und Freihändiger Vergabe sind nur Umstände zu berücksichtigen, die nach Aufforderung zur Angebotsabgabe Zweifel an der Eignung des Bieters begründen (vgl. § 6 Absatz 3 Nummer 6).

Prüfung

(3)   Die übrigen Angebote sind rechnerisch, technisch und wirtschaftlich zu prüfen.

(4)   1. Entspricht der Gesamtbetrag einer Ordnungszahl (Position) nicht dem Ergebnis der Multiplikation von Mengenansatz und Einheitspreis, so ist der Einheitspreis maßgebend.

2. Bei Vergabe für eine Pauschalsumme gilt diese ohne Rücksicht auf etwa angegebene Einzelpreise.

3. Die Nummern 1 und 2 gelten auch bei Freihändiger Vergabe.

(5)   Die aufgrund der Prüfung festgestellten Angebotsendsummen sind in der Niederschrift über den Eröffnungstermin zu vermerken.

Wertung

(6)   1. Auf ein Angebot mit einem unangemessen hohen oder niedrigen Preis darf der Zuschlag nicht erteilt werden.

2. Erscheint ein Angebotspreis unangemessen niedrig und ist anhand vorliegender Unterlagen über die Preisermittlung die Angemessenheit nicht zu beurteilen, ist in Textform vom Bieter Aufklärung über die Ermittlung der Preise für die Gesamtleistung oder für Teilleistungen zu verlangen, gegebenenfalls unter Festlegung einer zumutbaren Antwortfrist. Bei der Beurteilung der Angemessenheit sind die Wirtschaftlichkeit des Bauverfahrens, die gewählten technischen Lösungen oder sonstige günstige Ausführungsbedingungen zu berücksichtigen.

3. In die engere Wahl kommen nur solche Angebote, die unter Berücksichtigung rationellen Baubetriebs und sparsamer Wirtschaftsführung eine einwandfreie Ausführung einschließlich Haftung für Mängelansprüche erwarten lassen. Unter diesen Angeboten soll der Zuschlag auf das Angebot erteilt werden, das unter Berücksichtigung aller Gesichtspunkte, wie z. B. Qualität, Preis, technischer Wert, Ästhetik, Zweckmäßigkeit, Umwelteigenschaften, Betriebs- und Folgekosten, Rentabilität, Kundendienst und technische Hilfe oder Ausführungsfrist als das wirtschaftlichste erscheint. Der niedrigste Angebotspreis allein ist nicht entscheidend.

(7)   Ein Angebot nach § 13 Absatz 2 ist wie ein Hauptangebot zu werten.

(8)   Nebenangebote sind zu werten, es sei denn, der Auftraggeber hat sie in der Bekanntmachung oder in den Vergabeunterlagen nicht zugelassen.

(9)   Preisnachlässe ohne Bedingung sind nicht zu werten, wenn sie nicht an der vom Auftraggeber nach § 13 Absatz 4 bezeichneten Stelle aufgeführt sind. 2Unaufgefordert angebotene Preisnachlässe mit Bedingungen für die Zahlungsfrist (Skonti) werden bei der Wertung der Angebote nicht berücksichtigt.

Freihändige Vergabe

(10)   Die Bestimmungen der Absätze 2 und 6 gelten auch bei Freihändiger Vergabe. 2Absatz 1 Nummer 1 und die Absätze 7 bis 9 und § 6 Absatz 1 Nummer 2 sind entsprechend auch bei Freihändiger Vergabe anzuwenden.

§ 17 Aufhebung der Ausschreibung

(1)   Die Ausschreibung kann aufgehoben werden, wenn:

    1. kein Angebot eingegangen ist, das den Ausschreibungsbedingungen entspricht,

    2. die Vergabeunterlagen grundlegend geändert werden müssen,

    3. andere schwerwiegende Gründe bestehen.

(2)   Die Bewerber und Bieter sind von der Aufhebung der Ausschreibung unter Angabe der Gründe, gegebenenfalls über die Absicht, ein neues Vergabeverfahren einzuleiten, unverzüglich in Textform zu unterrichten.

§ 18 Zuschlag

(1)   Der Zuschlag ist möglichst bald, mindestens aber so rechtzeitig zu erteilen, dass dem Bieter die Erklärung noch vor Ablauf der Zuschlagsfrist (§ 10 Absatz 5 bis 8) zugeht.

(2)   Werden Erweiterungen, Einschränkungen oder Änderungen vorgenommen oder wird der Zuschlag verspätet erteilt, so ist der Bieter bei Erteilung des Zuschlags aufzufordern, sich unverzüglich über die Annahme zu erklären.

§ 19 Nicht berücksichtigte Bewerbungen und Angebote

(1)   Bieter, deren Angebote ausgeschlossen worden sind (§ 16 Absatz 1) und solche, deren Angebote nicht in die engere Wahl kommen, sollen unverzüglich unterrichtet werden. Die übrigen Bieter sind zu unterrichten, sobald der Zuschlag erteilt worden ist.

(2)   Auf Verlangen sind den nicht berücksichtigten Bewerbern oder Bietern innerhalb einer Frist von 15 Kalendertagen nach Eingang ihres in Textform gestellten Antrags die Gründe für die Nichtberücksichtigung ihrer Bewerbung oder ihres Angebots in Textform mitzuteilen, den Bietern auch die Merkmale und Vorteile des Angebots des erfolgreichen Bieters sowie dessen Name.

(3)   Nicht berücksichtigte Angebote und Ausarbeitungen der Bieter dürfen nicht für eine neue Vergabe oder für andere Zwecke benutzt werden.

(4)   Entwürfe, Ausarbeitungen, Muster und Proben zu nicht berücksichtigten Angeboten sind zurückzugeben, wenn dies im Angebot oder innerhalb von 30 Kalendertagen nach Ablehnung des Angebots verlangt wird.

(5)   Auftraggeber informieren fortlaufend Unternehmen auf Internetportalen oder in ihren Beschafferprofilen über beabsichtigte Beschränkte Ausschreibungen nach § 3 Absatz 3 Nummer 1 ab einem voraussichtlichen Auftragswert von 25 000 EUR ohne Umsatzsteuer. Diese Informationen müssen folgende Angaben enthalten:

    1. Name, Anschrift, Telefon-, Faxnummer und E-Mail-Adresse des Auftraggebers,

    2. Auftragsgegenstand,

    3. Ort der Ausführung,

    4. Art und voraussichtlicher Umfang der Leistung,

    5. voraussichtlicher Zeitraum der Ausführung.

§ 20 Dokumentation

(1)   Das Vergabeverfahren ist zeitnah so zu dokumentieren, dass die einzelnen Stufen des Verfahrens, die einzelnen Maßnahmen, die maßgebenden Feststellungen sowie die Begründung der einzelnen Entscheidungen in Textform festgehalten werden. 2Diese Dokumentation muss mindestens enthalten:

1. Name und Anschrift des Auftraggebers,

2. Art und Umfang der Leistung,

3. Wert des Auftrags,

4. Namen der berücksichtigten Bewerber oder Bieter und Gründe für ihre Auswahl,

5. Namen der nicht berücksichtigten Bewerber oder Bieter und die Gründe für die Ablehnung,

6. Gründe für die Ablehnung von ungewöhnlich niedrigen Angeboten,

7. Name des Auftragnehmers und Gründe für die Erteilung des Zuschlags auf sein Angebot,

8. Anteil der beabsichtigten Weitergabe an Nachunternehmen, soweit bekannt,

9. bei Beschränkter Ausschreibung, Freihändiger Vergabe Gründe für die Wahl des jeweiligen Verfahrens,

10. gegebenenfalls die Gründe, aus denen der Auftraggeber auf die Vergabe eines Auftrags verzichtet hat.

Der Auftraggeber trifft geeignete Maßnahmen, um den Ablauf der mit elektronischen Mitteln durchgeführten Vergabeverfahren zu dokumentieren.

(2)   Wird auf die Vorlage zusätzlich zum Angebot verlangter Unterlagen und Nachweise verzichtet, ist dies in der Dokumentation zu begründen.

(3)   Nach Zuschlagserteilung hat der Auftraggeber auf geeignete Weise, z. B. auf Internetportalen oder im Beschafferprofil zu informieren, wenn bei

1. Beschränkten Ausschreibungen ohne Teilnahmewettbewerb der Auftragswert 25 000 EUR ohne Umsatzsteuer

2. Freihändigen Vergaben der Auftragswert 15 000 EUR ohne Umsatzsteuer übersteigt. Diese Informationen werden 6 Monate vorgehalten und müssen folgende Angaben enthalten:

    a) Name, Anschrift, Telefon-, Faxnummer und E-Mail-Adresse des Auftraggebers,

    b) gewähltes Vergabeverfahren,

    c) Auftragsgegenstand,

    d) Ort der Ausführung,

    e) Name des beauftragten Unternehmens.

§ 21 Nachprüfungsstellen

In der Bekanntmachung und den Vergabeunterlagen sind die Nachprüfungsstellen mit Anschrift anzugeben, an die sich der Bewerber oder Bieter zur Nachprüfung behaupteter Verstöße gegen die Vergabebestimmungen wenden kann.

§ 22 Baukonzessionen

(1) Eine Baukonzession ist ein Vertrag über die Durchführung eines Bauauftrages, bei dem die Gegenleistung für die Bauarbeiten statt in einem Entgelt in dem befristeten Recht auf Nutzung der baulichen Anlage, gegebenenfalls zuzüglich der Zahlung eines Preises besteht.

(2) Für die Vergabe von Baukonzessionen sind die §§ 1 bis 21 sinngemäß anzuwenden.

11.2 Technische Spezifikation TS

Begriffsbestimmungen

1. „Technische Spezifikationen" sind sämtliche, insbesondere die in den Verdingungsunterlagen enthaltenen technischen Anforderungen an eine Bauleistung, ein Material, ein Erzeugnis oder eine Lieferung, mit deren Hilfe die Bauleistung, das Material, das Erzeugnis oder die Lieferung so bezeichnet werden können, dass sie ihren durch den Auftraggeber festgelegten Verwendungszweck erfüllen. Zu diesen technischen Anforderungen gehören Qualitätsstufen, Umweltleistungsstufen, die Konzeption für alle Verwendungsarten („Design for all") (einschließlich des Zugangs von Behinderten) sowie Konformitätsbewertung, die Gebrauchstauglichkeit, Sicherheit oder Abmessungen, einschließlich Konformitätsbewertungsverfahren, Terminologie, Symbole, Versuchs- und Prüfmethoden, Verpackung, Kennzeichnung und Beschriftung sowie Produktionsprozesse und -methoden. Außerdem gehören dazu auch die Vorschriften für die Planung und die Berechnung von Bauwerken, die Bedingungen für die Prüfung, Inspektion und Abnahme von Bauwerken, die Konstruktionsmethoden oder -verfahren und alle anderen technischen Anforderungen, die der Auftraggeber für fertige Bauwerke oder dazu notwendige Materialien oder Teile durch allgemeine und spezielle Vorschriften anzugeben in der Lage ist.

2. „Norm" ist eine technische Spezifikation, die von einem anerkannten Normungsgremium zur wiederholten oder ständigen Anwendung angenommen wurde, deren Einhaltung jedoch nicht zwingend vorgeschrieben ist und die unter eine der nachstehenden Kategorien fällt:

    - Internationale Norm: Norm, die von einem internationalen Normungsgremium angenommen wird und der Öffentlichkeit zugänglich ist;

    - Europäische Norm: Norm, die von einem europäischen Normungsgremium angenommen wird und der Öffentlichkeit zugänglich ist;

    - Nationale Norm: Norm, die von einem nationalen Normungsgremium angenommen wird und der Öffentlichkeit zugänglich ist.

3. „Europäische technische Zulassung" ist eine positive technische Beurteilung der Brauchbarkeit eines Produkts hinsichtlich der Erfüllung der wesentlichen Anforderung an bauliche Anlagen; sie erfolgt aufgrund der spezifischen Merkmale des Produkts und der festgelegten Anwendungs- und Verwendungsbedingungen. Die europäische technische Zulassung wird von einem zu diesem Zweck in einem Mitgliedstaat zugelassenen Gremium ausgestellt.

4. „Gemeinsame technische Spezifikationen" sind technische Spezifikationen, die nach einem von den Mitgliedstaaten anerkannten Verfahren erarbeitet und die im Amtsblatt der Europäischen Gemeinschaften veröffentlicht wurden.

5. „Technische Bezugsgröße" ist jeder Bezugsrahmen, der keine offizielle Norm ist und der von den europäischen Normungsgremien nach den an die Bedürfnisse des Marktes angepassten Verfahren erarbeitet wurde.

11.3 VOB/B

Vergabe- und Vertragsordnung für Bauleistungen (VOB)

Teil B

Allgemeine Vertragsbedingungen für die Ausführung von Bauleistungen

– Ausgabe 2009 –

§ 1 Art und Umfang der Leistung

(1) Die auszuführende Leistung wird nach Art und Umfang durch den Vertrag bestimmt. Als Bestandteil des Vertrags gelten auch die Allgemeinen Technischen Vertragsbedingungen für Bauleistungen (VOB/C).

(2) Bei Widersprüchen im Vertrag gelten nacheinander:

1. die Leistungsbeschreibung,

2. die Besonderen Vertragsbedingungen,

3. etwaige Zusätzliche Vertragsbedingungen,

4. etwaige Zusätzliche Technische Vertragsbedingungen,

5. die Allgemeinen Technischen Vertragsbedingungen für Bauleistungen,

6. die Allgemeinen Vertragsbedingungen für die Ausführung von Bauleistungen.

(3) Änderungen des Bauentwurfs anzuordnen, bleibt dem Auftraggeber vorbehalten.

(4) Nicht vereinbarte Leistungen, die zur Ausführung der vertraglichen Leistung erforderlich werden, hat der Auftragnehmer auf Verlangen des Auftraggebers mit auszuführen, außer wenn sein Betrieb auf derartige Leistungen nicht eingerichtet ist. Andere Leistungen können dem Auftragnehmer nur mit seiner Zustimmung übertragen werden.

§ 2 Vergütung

(1) Durch die vereinbarten Preise werden alle Leistungen abgegolten, die nach der Leistungsbeschreibung, den Besonderen Vertragsbedingungen, den Zusätzlichen Vertragsbedingungen, den Zusätzlichen Technischen Vertragsbedingungen, den Allgemeinen Technischen Vertragsbedingungen für Bauleistungen und der gewerblichen Verkehrssitte zur vertraglichen Leistung gehören.

(2) Die Vergütung wird nach den vertraglichen Einheitspreisen und den tatsächlich ausgeführten Leistungen berechnet, wenn keine andere Berechnungsart (z. B. durch Pauschalsumme, nach Stundenlohnsätzen, nach Selbstkosten) vereinbart ist.

(3) 1. Weicht die ausgeführte Menge der unter einem Einheitspreis erfassten Leistung oder Teilleistung um nicht mehr als 10 v. H. von dem im Vertrag vorgesehenen Umfang ab, so gilt der vertragliche Einheitspreis.

2. Für die über 10 v. H. hinausgehende Überschreitung des Mengenansatzes ist auf Verlangen ein neuer Preis unter Berücksichtigung der Mehr- oder Minderkosten zu vereinbaren.

3. Bei einer über 10 v. H. hinausgehenden Unterschreitung des Mengenansatzes ist auf Verlangen der Einheitspreis für die tatsächlich ausgeführte Menge der Leistung oder

Teilleistung zu erhöhen, soweit der Auftragnehmer nicht durch Erhöhung der Mengen bei anderen Ordnungszahlen (Positionen) oder in anderer Weise einen Ausgleich erhält. Die Erhöhung des Einheitspreises soll im Wesentlichen dem Mehrbetrag entsprechen, der sich durch Verteilung der Baustelleneinrichtungs- und Baustellengemeinkosten und der Allgemeinen Geschäftskosten auf die verringerte Menge ergibt. Die Umsatzsteuer wird entsprechend dem neuen Preis vergütet.

4. Sind von der unter einem Einheitspreis erfassten Leistung oder Teilleistung andere Leistungen abhängig, für die eine Pauschalsumme vereinbart ist, so kann mit der Änderung des Einheitspreises auch eine angemessene Änderung der Pauschalsumme gefordert werden.

(4)   Werden im Vertrag ausbedungene Leistungen des Auftragnehmers vom Auftraggeber selbst übernommen (z. B. Lieferung von Bau-, Bauhilfs- und Betriebsstoffen), so gilt, wenn nichts anderes vereinbart wird, § 8 Absatz 1 Nummer 2 entsprechend.

(5)   Werden durch Änderung des Bauentwurfs oder andere Anordnungen des Auftraggebers die Grundlagen des Preises für eine im Vertrag vorgesehene Leistung geändert, so ist ein neuer Preis unter Berücksichtigung der Mehr- oder Minderkosten zu vereinbaren. Die Vereinbarung soll vor der Ausführung getroffen werden.

(6)   1. Wird eine im Vertrag nicht vorgesehene Leistung gefordert, so hat der Auftragnehmer Anspruch auf besondere Vergütung. Er muss jedoch den Anspruch dem Auftraggeber ankündigen, bevor er mit der Ausführung der Leistung beginnt.

2. Die Vergütung bestimmt sich nach den Grundlagen der Preisermittlung für die vertragliche Leistung und den besonderen Kosten der geforderten Leistung. Sie ist möglichst vor Beginn der Ausführung zu vereinbaren.

(7)   1. Ist als Vergütung der Leistung eine Pauschalsumme vereinbart, so bleibt die Vergütung unverändert. Weicht jedoch die ausgeführte Leistung von der vertraglich vorgesehenen Leistung so erheblich ab, dass ein Festhalten an der Pauschalsumme nicht zumutbar ist (§ 313 BGB), so ist auf Verlangen ein Ausgleich unter Berücksichtigung der Mehr- oder Minderkosten zu gewähren. Für die Bemessung des Ausgleichs ist von den Grundlagen der Preisermittlung auszugehen.

2. Die Regelungen der Absätze 4, 5 und 6 gelten auch bei Vereinbarung einer Pauschalsumme.

3. Wenn nichts anderes vereinbart ist, gelten die Nummern 1 und 2 auch für Pauschalsummen, die für Teile der Leistung vereinbart sind; Absatz 3 Nummer 4 bleibt unberührt.

(8)   1. Leistungen, die der Auftragnehmer ohne Auftrag oder unter eigenmächtiger Abweichung vom Auftrag ausführt, werden nicht vergütet. Der Auftragnehmer hat sie auf Verlangen innerhalb einer angemessenen Frist zu beseitigen; sonst kann es auf seine Kosten geschehen. Er haftet außerdem für andere Schäden, die dem Auftraggeber hieraus entstehen.

2. Eine Vergütung steht dem Auftragnehmer jedoch zu, wenn der Auftraggeber solche Leistungen nachträglich anerkennt. Eine Vergütung steht ihm auch zu, wenn die Leistungen für die Erfüllung des Vertrags notwendig waren, dem mutmaßlichen Willen des Auftraggebers entsprachen und ihm unverzüglich angezeigt wurden. Soweit dem Auftragnehmer eine Vergütung zusteht, gelten die Berechnungsgrundlagen für geänderte oder zusätzliche Leistungen der Absätze 5 oder 6 entsprechend.

3. Die Vorschriften des BGB über die Geschäftsführung ohne Auftrag (§§ 677 ff. BGB) bleiben unberührt.

(9) 1. Verlangt der Auftraggeber Zeichnungen, Berechnungen oder andere Unterlagen, die der Auftragnehmer nach dem Vertrag, besonders den Technischen Vertragsbedingungen oder der gewerblichen Verkehrssitte, nicht zu beschaffen hat, so hat er sie zu vergüten.

2. Lässt er vom Auftragnehmer nicht aufgestellte technische Berechnungen durch den Auftragnehmer nachprüfen, so hat er die Kosten zu tragen.

(10) Stundenlohnarbeiten werden nur vergütet, wenn sie als solche vor ihrem Beginn ausdrücklich vereinbart worden sind (§ 15).

§ 3 Ausführungsunterlagen

(1) Die für die Ausführung nötigen Unterlagen sind dem Auftragnehmer unentgeltlich und rechtzeitig zu übergeben.

(2) Das Abstecken der Hauptachsen der baulichen Anlagen, ebenso der Grenzen des Geländes, das dem Auftragnehmer zur Verfügung gestellt wird, und das Schaffen der notwendigen Höhenfestpunkte in unmittelbarer Nähe der baulichen Anlagen sind Sache des Auftraggebers.

(3) Die vom Auftraggeber zur Verfügung gestellten Geländeaufnahmen und Absteckungen und die übrigen für die Ausführung übergebenen Unterlagen sind für den Auftragnehmer maßgebend. Jedoch hat er sie, soweit es zur ordnungsgemäßen Vertragserfüllung gehört, auf etwaige Unstimmigkeiten zu überprüfen und den Auftraggeber auf entdeckte oder vermutete Mängel hinzuweisen.

(4) Vor Beginn der Arbeiten ist, soweit notwendig, der Zustand der Straßen und Geländeoberfläche, der Vorfluter und Vorflutleitungen, ferner der baulichen Anlagen im Baubereich in einer Niederschrift festzuhalten, die vom Auftraggeber und Auftragnehmer anzuerkennen ist.

(5) Zeichnungen, Berechnungen, Nachprüfungen von Berechnungen oder andere Unterlagen, die der Auftragnehmer nach dem Vertrag, besonders den Technischen Vertragsbedingungen oder der gewerblichen Verkehrssitte oder auf besonderes Verlangen des Auftraggebers (§ 2 Absatz 9) zu beschaffen hat, sind dem Auftraggeber nach Aufforderung rechtzeitig vorzulegen.

(6) 1. Die in Absatz 5 genannten Unterlagen dürfen ohne Genehmigung ihres Urhebers nicht veröffentlicht, vervielfältigt, geändert oder für einen anderen als den vereinbarten Zweck benutzt werden.

2. An DV-Programmen hat der Auftraggeber das Recht zur Nutzung mit den vereinbarten Leistungsmerkmalen in unveränderter Form auf den festgelegten Geräten. Der Auftraggeber darf zum Zwecke der Datensicherung zwei Kopien herstellen. Diese müssen alle Identifikationsmerkmale enthalten. Der Verbleib der Kopien ist auf Verlangen nachzuweisen.

3. Der Auftragnehmer bleibt unbeschadet des Nutzungsrechts des Auftraggebers zur Nutzung der Unterlagen und der DV-Programme berechtigt.

§ 4 Ausführung

(1)   1. Der Auftraggeber hat für die Aufrechterhaltung der allgemeinen Ordnung auf der Baustelle zu sorgen und das Zusammenwirken der verschiedenen Unternehmer zu regeln. Er hat die erforderlichen öffentlich-rechtlichen Genehmigungen und Erlaubnisse – z. B. nach dem Baurecht, dem Straßenverkehrsrecht, dem Wasserrecht, dem Gewerberecht – herbeizuführen.

2. Der Auftraggeber hat das Recht, die vertragsgemäße Ausführung der Leistung zu überwachen. Hierzu hat er Zutritt zu den Arbeitsplätzen, Werkstätten und Lagerräumen, wo die vertragliche Leistung oder Teile von ihr hergestellt oder die hierfür bestimmten Stoffe und Bauteile gelagert werden. Auf Verlangen sind ihm die Werkzeichnungen oder andere Ausführungsunterlagen sowie die Ergebnisse von Güteprüfungen zur Einsicht vorzulegen und die erforderlichen Auskünfte zu erteilen, wenn hierdurch keine Geschäftsgeheimnisse preisgegeben werden. Als Geschäftsgeheimnis bezeichnete Auskünfte und Unterlagen hat er vertraulich zu behandeln.

3. Der Auftraggeber ist befugt, unter Wahrung der dem Auftragnehmer zustehenden Leitung (Absatz 2) Anordnungen zu treffen, die zur vertragsgemäßen Ausführung der Leistung notwendig sind. Die Anordnungen sind grundsätzlich nur dem Auftragnehmer oder seinem für die Leitung der Ausführung bestellten Vertreter zu erteilen, außer wenn Gefahr im Verzug ist. Dem Auftraggeber ist mitzuteilen, wer jeweils als Vertreter des Auftragnehmers für die Leitung der Ausführung bestellt ist.

4. Hält der Auftragnehmer die Anordnungen des Auftraggebers für unberechtigt oder unzweckmäßig, so hat er seine Bedenken geltend zu machen, die Anordnungen jedoch auf Verlangen auszuführen, wenn nicht gesetzliche oder behördliche Bestimmungen entgegenstehen. Wenn dadurch eine ungerechtfertigte Erschwerung verursacht wird, hat der Auftraggeber die Mehrkosten zu tragen.

(2)   1. Der Auftragnehmer hat die Leistung unter eigener Verantwortung nach dem Vertrag auszuführen. Dabei hat er die anerkannten Regeln der Technik und die gesetzlichen und behördlichen Bestimmungen zu beachten. Es ist seine Sache, die Ausführung seiner vertraglichen Leistung zu leiten und für Ordnung auf seiner Arbeitsstelle zu sorgen.

2. Er ist für die Erfüllung der gesetzlichen, behördlichen und berufsgenossenschaftlichen Verpflichtungen gegenüber seinen Arbeitnehmern allein verantwortlich. Es ist ausschließlich seine Aufgabe, die Vereinbarungen und Maßnahmen zu treffen, die sein Verhältnis zu den Arbeitnehmern regeln.

(3)   Hat der Auftragnehmer Bedenken gegen die vorgesehene Art der Ausführung (auch wegen der Sicherung gegen Unfallgefahren), gegen die Güte der vom Auftraggeber gelieferten Stoffe oder Bauteile oder gegen die Leistungen anderer Unternehmer, so hat er sie dem Auftraggeber unverzüglich – möglichst schon vor Beginn der Arbeiten – schriftlich mitzuteilen; der Auftraggeber bleibt jedoch für seine Angaben, Anordnungen oder Lieferungen verantwortlich.

(4)   Der Auftraggeber hat, wenn nichts anderes vereinbart ist, dem Auftragnehmer unentgeltlich zur Benutzung oder Mitbenutzung zu überlassen:

1. die notwendigen Lager- und Arbeitsplätze auf der Baustelle,

2. vorhandene Zufahrtswege und Anschlussgleise,

3. vorhandene Anschlüsse für Wasser und Energie. Die Kosten für den Verbrauch und den Messer oder Zähler trägt der Auftragnehmer, mehrere Auftragnehmer tragen sie anteilig.

(5) Der Auftragnehmer hat die von ihm ausgeführten Leistungen und die ihm für die Ausführung übergebenen Gegenstände bis zur Abnahme vor Beschädigung und Diebstahl zu schützen. Auf Verlangen des Auftraggebers hat er sie vor Winterschäden und Grundwasser zu schützen, ferner Schnee und Eis zu beseitigen. Obliegt ihm die Verpflichtung nach Satz 2 nicht schon nach dem Vertrag, so regelt sich die Vergütung nach § 2 Absatz 6.

(6) Stoffe oder Bauteile, die dem Vertrag oder den Proben nicht entsprechen, sind auf Anordnung des Auftraggebers innerhalb einer von ihm bestimmten Frist von der Baustelle zu entfernen. Geschieht es nicht, so können sie auf Kosten des Auftragnehmers entfernt oder für seine Rechnung veräußert werden.

(7) Leistungen, die schon während der Ausführung als mangelhaft oder vertragswidrig erkannt werden, hat der Auftragnehmer auf eigene Kosten durch mangelfreie zu ersetzen. Hat der Auftragnehmer den Mangel oder die Vertragswidrigkeit zu vertreten, so hat er auch den daraus entstehenden Schaden zu ersetzen. Kommt der Auftragnehmer der Pflicht zur Beseitigung des Mangels nicht nach, so kann ihm der Auftraggeber eine angemessene Frist zur Beseitigung des Mangels setzen und erklären, dass er ihm nach fruchtlosem Ablauf der Frist den Auftrag entziehe (§ 8 Absatz 3).

(8) 1. Der Auftragnehmer hat die Leistung im eigenen Betrieb auszuführen. Mit schriftlicher Zustimmung des Auftraggebers darf er sie an Nachunternehmer übertragen. Die Zustimmung ist nicht notwendig bei Leistungen, auf die der Betrieb des Auftragnehmers nicht eingerichtet ist. Erbringt der Auftragnehmer ohne schriftliche Zustimmung des Auftraggebers Leistungen nicht im eigenen Betrieb, obwohl sein Betrieb darauf eingerichtet ist, kann der Auftraggeber ihm eine angemessene Frist zur Aufnahme der Leistung im eigenen Betrieb setzen und erklären, dass er ihm nach fruchtlosem Ablauf der Frist den Auftrag entziehe (§ 8 Absatz 3).

2. Der Auftragnehmer hat bei der Weitervergabe von Bauleistungen an Nachunternehmer die Vergabe- und Vertragsordnung für Bauleistungen Teile B und C zugrunde zu legen.

3. Der Auftragnehmer hat die Nachunternehmer dem Auftraggeber auf Verlangen bekannt zu geben.

(9) Werden bei Ausführung der Leistung auf einem Grundstück Gegenstände von Altertums-, Kunst- oder wissenschaftlichem Wert entdeckt, so hat der Auftragnehmer vor jedem weiteren Aufdecken oder Ändern dem Auftraggeber den Fund anzuzeigen und ihm die Gegenstände nach näherer Weisung abzuliefern. Die Vergütung etwaiger Mehrkosten regelt sich nach § 2 Absatz 6. Die Rechte des Entdeckers (§ 984 BGB) hat der Auftraggeber.

(10) Der Zustand von Teilen der Leistung ist auf Verlangen gemeinsam von Auftraggeber und Auftragnehmer festzustellen, wenn diese Teile der Leistung durch die weitere Ausführung der Prüfung und Feststellung entzogen werden. Das Ergebnis ist schriftlich niederzulegen.

§ 5 Ausführungsfristen

(1)   Die Ausführung ist nach den verbindlichen Fristen (Vertragsfristen) zu beginnen, angemessen zu fördern und zu vollenden. In einem Bauzeitenplan enthaltene Einzelfristen gelten nur dann als Vertragsfristen, wenn dies im Vertrag ausdrücklich vereinbart ist.

(2)   Ist für den Beginn der Ausführung keine Frist vereinbart, so hat der Auftraggeber dem Auftragnehmer auf Verlangen Auskunft über den voraussichtlichen Beginn zu erteilen. Der Auftragnehmer hat innerhalb von 12 Werktagen nach Aufforderung zu beginnen. Der Beginn der Ausführung ist dem Auftraggeber anzuzeigen.

(3)   Wenn Arbeitskräfte, Geräte, Gerüste, Stoffe oder Bauteile so unzureichend sind, dass die Ausführungsfristen offenbar nicht eingehalten werden können, muss der Auftragnehmer auf Verlangen unverzüglich Abhilfe schaffen.

(4)   Verzögert der Auftragnehmer den Beginn der Ausführung, gerät er mit der Vollendung in Verzug, oder kommt er der in Absatz 3 erwähnten Verpflichtung nicht nach, so kann der Auftraggeber bei Aufrechterhaltung des Vertrages Schadensersatz nach § 6 Absatz 6 verlangen oder dem Auftragnehmer eine angemessene Frist zur Vertragserfüllung setzen und erklären, dass er ihm nach fruchtlosem Ablauf der Frist den Auftrag entziehe (§ 8 Absatz 3).

§ 6 Behinderung und Unterbrechung der Ausführung

(1)   Glaubt sich der Auftragnehmer in der ordnungsgemäßen Ausführung der Leistung behindert, so hat er es dem Auftraggeber unverzüglich schriftlich anzuzeigen. Unterlässt er die Anzeige, so hat er nur dann Anspruch auf Berücksichtigung der hindernden Umstände, wenn dem Auftraggeber offenkundig die Tatsache und deren hindernde Wirkung bekannt waren.

(2)   1. Ausführungsfristen werden verlängert, soweit die Behinderung verursacht ist:

    a) durch einen Umstand aus dem Risikobereich des Auftraggebers,

    b) durch Streik oder eine von der Berufsvertretung der Arbeitgeber angeordnete Aussperrung im Betrieb des Auftragnehmers oder in einem unmittelbar für ihn arbeitenden Betrieb,

    c) durch höhere Gewalt oder andere für den Auftragnehmer unabwendbare Umstände.

2. Witterungseinflüsse während der Ausführungszeit, mit denen bei Abgabe des Angebots normalerweise gerechnet werden musste, gelten nicht als Behinderung.

(3)   Der Auftragnehmer hat alles zu tun, was ihm billigerweise zugemutet werden kann, um die Weiterführung der Arbeiten zu ermöglichen. Sobald die hindernden Umstände wegfallen, hat er ohne Weiteres und unverzüglich die Arbeiten wieder aufzunehmen und den Auftraggeber davon zu benachrichtigen.

(4)   Die Fristverlängerung wird berechnet nach der Dauer der Behinderung mit einem Zuschlag für die Wiederaufnahme der Arbeiten und die etwaige Verschiebung in eine ungünstigere Jahreszeit.

(5)   Wird die Ausführung für voraussichtlich längere Dauer unterbrochen, ohne dass die Leistung dauernd unmöglich wird, so sind die ausgeführten Leistungen nach den Vertragspreisen abzurechnen und außerdem die Kosten zu vergüten, die dem Auftragneh-

mer bereits entstanden und in den Vertragspreisen des nicht ausgeführten Teils der Leistung enthalten sind.

(6) Sind die hindernden Umstände von einem Vertragsteil zu vertreten, so hat der andere Teil Anspruch auf Ersatz des nachweislich entstandenen Schadens, des entgangenen Gewinns aber nur bei Vorsatz oder grober Fahrlässigkeit. Im Übrigen bleibt der Anspruch des Auftragnehmers auf angemessene Entschädigung nach § 642 BGB unberührt, sofern die Anzeige nach Absatz 1 Satz 1 erfolgt oder wenn Offenkundigkeit nach Absatz 1 Satz 2 gegeben ist.

(7) Dauert eine Unterbrechung länger als 3 Monate, so kann jeder Teil nach Ablauf dieser Zeit den Vertrag schriftlich kündigen. Die Abrechnung regelt sich nach den Absätzen 5 und 6; wenn der Auftragnehmer die Unterbrechung nicht zu vertreten hat, sind auch die Kosten der Baustellenräumung zu vergüten, soweit sie nicht in der Vergütung für die bereits ausgeführten Leistungen enthalten sind.

§ 7 Verteilung der Gefahr

(1) Wird die ganz oder teilweise ausgeführte Leistung vor der Abnahme durch höhere Gewalt, Krieg, Aufruhr oder andere objektiv unabwendbare vom Auftragnehmer nicht zu vertretende Umstände beschädigt oder zerstört, so hat dieser für die ausgeführten Teile der Leistung die Ansprüche nach § 6 Absatz 5; für andere Schäden besteht keine gegenseitige Ersatzpflicht.

(2) Zu der ganz oder teilweise ausgeführten Leistung gehören alle mit der baulichen Anlage unmittelbar verbundenen, in ihre Substanz eingegangenen Leistungen, unabhängig von deren Fertigstellungsgrad.

(3) Zu der ganz oder teilweise ausgeführten Leistung gehören nicht die noch nicht eingebauten Stoffe und Bauteile sowie die Baustelleneinrichtung und Absteckungen. Zu der ganz oder teilweise ausgeführten Leistung gehören ebenfalls nicht Hilfskonstruktionen und Gerüste, auch wenn diese als Besondere Leistung oder selbstständig vergeben sind.

§ 8 Kündigung durch den Auftraggeber

(1) 1. Der Auftraggeber kann bis zur Vollendung der Leistung jederzeit den Vertrag kündigen.

2. Dem Auftragnehmer steht die vereinbarte Vergütung zu. Er muss sich jedoch anrechnen lassen, was er infolge der Aufhebung des Vertrags an Kosten erspart oder durch anderweitige Verwendung seiner Arbeitskraft und seines Betriebs erwirbt oder zu erwerben böswillig unterlässt (§ 649 BGB).

(2) 1. Der Auftraggeber kann den Vertrag kündigen, wenn der Auftragnehmer seine Zahlungen einstellt, von ihm oder zulässigerweise vom Auftraggeber oder einem anderen Gläubiger das Insolvenzverfahren (§§ 14 und 15 InsO) beziehungsweise ein vergleichbares gesetzliches Verfahren beantragt ist, ein solches Verfahren eröffnet wird oder dessen Eröffnung mangels Masse abgelehnt wird.

2. Die ausgeführten Leistungen sind nach § 6 Absatz 5 abzurechnen. Der Auftraggeber kann Schadensersatz wegen Nichterfüllung des Restes verlangen.

(3) 1. Der Auftraggeber kann den Vertrag kündigen, wenn in den Fällen des § 4 Absatz 7 und 8 Nummer 1 und des § 5 Absatz 4 die gesetzte Frist fruchtlos abgelaufen ist (Ent-

ziehung des Auftrags). Die Entziehung des Auftrags kann auf einen in sich abgeschlossenen Teil der vertraglichen Leistung beschränkt werden.

2. Nach der Entziehung des Auftrags ist der Auftraggeber berechtigt, den noch nicht vollendeten Teil der Leistung zu Lasten des Auftragnehmers durch einen Dritten ausführen zu lassen, doch bleiben seine Ansprüche auf Ersatz des etwa entstehenden weiteren Schadens bestehen. Er ist auch berechtigt, auf die weitere Ausführung zu verzichten und Schadensersatz wegen Nichterfüllung zu verlangen, wenn die Ausführung aus den Gründen, die zur Entziehung des Auftrags geführt haben, für ihn kein Interesse mehr hat.

3. Für die Weiterführung der Arbeiten kann der Auftraggeber Geräte, Gerüste, auf der Baustelle vorhandene andere Einrichtungen und angelieferte Stoffe und Bauteile gegen angemessene Vergütung in Anspruch nehmen.

4. Der Auftraggeber hat dem Auftragnehmer eine Aufstellung über die entstandenen Mehrkosten und über seine anderen Ansprüche spätestens binnen 12 Werktagen nach Abrechnung mit dem Dritten zuzusenden.

(4)   Der Auftraggeber kann den Auftrag entziehen, wenn der Auftragnehmer aus Anlass der Vergabe eine Abrede getroffen hatte, die eine unzulässige Wettbewerbsbeschränkung darstellt. Die Kündigung ist innerhalb von 12 Werktagen nach Bekanntwerden des Kündigungsgrundes auszusprechen. Absatz 3 gilt entsprechend.

(5)   Die Kündigung ist schriftlich zu erklären.

(6)   Der Auftragnehmer kann Aufmaß und Abnahme der von ihm ausgeführten Leistungen alsbald nach der Kündigung verlangen; er hat unverzüglich eine prüfbare Rechnung über die ausgeführten Leistungen vorzulegen.

(7)   Eine wegen Verzugs verwirkte, nach Zeit bemessene Vertragsstrafe kann nur für die Zeit bis zum Tag der Kündigung des Vertrags gefordert werden.

§ 9 Kündigung durch den Auftragnehmer

(1)   Der Auftragnehmer kann den Vertrag kündigen:

1. wenn der Auftraggeber eine ihm obliegende Handlung unterlässt und dadurch den Auftragnehmer außerstande setzt, die Leistung auszuführen (Annahmeverzug nach §§ 293 ff. BGB),

2. wenn der Auftraggeber eine fällige Zahlung nicht leistet oder sonst in Schuldnerverzug gerät.

(2)   Die Kündigung ist schriftlich zu erklären. Sie ist erst zulässig, wenn der Auftragnehmer dem Auftraggeber ohne Erfolg eine angemessene Frist zur Vertragserfüllung gesetzt und erklärt hat, dass er nach fruchtlosem Ablauf der Frist den Vertrag kündigen werde.

(3)   Die bisherigen Leistungen sind nach den Vertragspreisen abzurechnen. Außerdem hat der Auftragnehmer Anspruch auf angemessene Entschädigung nach § 642 BGB; etwaige weitergehende Ansprüche des Auftragnehmers bleiben unberührt.

§ 10 Haftung der Vertragsparteien

(1) Die Vertragsparteien haften einander für eigenes Verschulden sowie für das Verschulden ihrer gesetzlichen Vertreter und der Personen, deren sie sich zur Erfüllung ihrer Verbindlichkeiten bedienen (§§ 276, 278 BGB).

(2) 1. Entsteht einem Dritten im Zusammenhang mit der Leistung ein Schaden, für den aufgrund gesetzlicher Haftpflichtbestimmungen beide Vertragsparteien haften, so gelten für den Ausgleich zwischen den Vertragsparteien die allgemeinen gesetzlichen Bestimmungen, soweit im Einzelfall nichts anderes vereinbart ist. Soweit der Schaden des Dritten nur die Folge einer Maßnahme ist, die der Auftraggeber in dieser Form angeordnet hat, trägt er den Schaden allein, wenn ihn der Auftragnehmer auf die mit der angeordneten Ausführung verbundene Gefahr nach § 4 Absatz 3 hingewiesen hat.

2. Der Auftragnehmer trägt den Schaden allein, soweit er ihn durch Versicherung seiner gesetzlichen Haftpflicht gedeckt hat oder durch eine solche zu tarifmäßigen, nicht auf außergewöhnliche Verhältnisse abgestellten Prämien und Prämienzuschlägen bei einem im Inland zum Geschäftsbetrieb zugelassenen Versicherer hätte decken können.

(3) Ist der Auftragnehmer einem Dritten nach den §§ 823 ff. BGB zu Schadensersatz verpflichtet wegen unbefugten Betretens oder Beschädigung angrenzender Grundstücke, wegen Entnahme oder Auflagerung von Boden oder anderen Gegenständen außerhalb der vom Auftraggeber dazu angewiesenen Flächen oder wegen der Folgen eigenmächtiger Versperrung von Wegen oder Wasserläufen, so trägt er im Verhältnis zum Auftraggeber den Schaden allein.

(4) Für die Verletzung gewerblicher Schutzrechte haftet im Verhältnis der Vertragsparteien zueinander der Auftragnehmer allein, wenn er selbst das geschützte Verfahren oder die Verwendung geschützter Gegenstände angeboten oder wenn der Auftraggeber die Verwendung vorgeschrieben und auf das Schutzrecht hingewiesen hat.

(5) Ist eine Vertragspartei gegenüber der anderen nach den Absätzen 2, 3 oder 4 von der Ausgleichspflicht befreit, so gilt diese Befreiung auch zugunsten ihrer gesetzlichen Vertreter und Erfüllungsgehilfen, wenn sie nicht vorsätzlich oder grob fahrlässig gehandelt haben.

(6) Soweit eine Vertragspartei von dem Dritten für einen Schaden in Anspruch genommen wird, den nach den Absätzen 2, 3 oder 4 die andere Vertragspartei zu tragen hat, kann sie verlangen, dass ihre Vertragspartei sie von der Verbindlichkeit gegenüber dem Dritten befreit. Sie darf den Anspruch des Dritten nicht anerkennen oder befriedigen, ohne der anderen Vertragspartei vorher Gelegenheit zur Äußerung gegeben zu haben.

§ 11 Vertragsstrafe

(1) Wenn Vertragsstrafen vereinbart sind, gelten die §§ 339 bis 345 BGB.

(2) Ist die Vertragsstrafe für den Fall vereinbart, dass der Auftragnehmer nicht in der vorgesehenen Frist erfüllt, so wird sie fällig, wenn der Auftragnehmer in Verzug gerät.

(3) Ist die Vertragsstrafe nach Tagen bemessen, so zählen nur Werktage; ist sie nach Wochen bemessen, so wird jeder Werktag angefangener Wochen als 1/6 Woche gerechnet.

(4) Hat der Auftraggeber die Leistung abgenommen, so kann er die Strafe nur verlangen, wenn er dies bei der Abnahme vorbehalten hat.

§ 12 Abnahme

(1)   Verlangt der Auftragnehmer nach der Fertigstellung - gegebenenfalls auch vor Ablauf
       der vereinbarten Ausführungsfrist - die Abnahme der Leistung, so hat sie der Auftrag-
       geber binnen 12 Werktagen durchzuführen; eine andere Frist kann vereinbart werden.

(2)   Auf Verlangen sind in sich abgeschlossene Teile der Leistung besonders abzunehmen.

(3)   Wegen wesentlicher Mängel kann die Abnahme bis zur Beseitigung verweigert werden.

(4)   1. Eine förmliche Abnahme hat stattzufinden, wenn eine Vertragspartei es verlangt.
       Jede Partei kann auf ihre Kosten einen Sachverständigen zuziehen. Der Befund ist in
       gemeinsamer Verhandlung schriftlich niederzulegen. In die Niederschrift sind etwaige
       Vorbehalte wegen bekannter Mängel und wegen Vertragsstrafen aufzunehmen, ebenso
       etwaige Einwendungen des Auftragnehmers. Jede Partei erhält eine Ausfertigung.

       2. Die förmliche Abnahme kann in Abwesenheit des Auftragnehmers stattfinden, wenn
       der Termin vereinbart war oder der Auftraggeber mit genügender Frist dazu eingeladen
       hatte. Das Ergebnis der Abnahme ist dem Auftragnehmer alsbald mitzuteilen.

(5)   1. Wird keine Abnahme verlangt, so gilt die Leistung als abgenommen mit Ablauf von
       12 Werktagen nach schriftlicher Mitteilung über die Fertigstellung der Leistung.

       2. Wird keine Abnahme verlangt und hat der Auftraggeber die Leistung oder einen
       Teil der Leistung in Benutzung genommen, so gilt die Abnahme nach Ablauf von
       6 Werktagen nach Beginn der Benutzung als erfolgt, wenn nichts anderes vereinbart ist.
       Die Benutzung von Teilen einer baulichen Anlage zur Weiterführung der Arbeiten gilt
       nicht als Abnahme.

       3. Vorbehalte wegen bekannter Mängel oder wegen Vertragsstrafen hat der Auftrag-
       geber spätestens zu den in den Nummern 1 und 2 bezeichneten Zeitpunkten geltend zu
       machen.

(6)   Mit der Abnahme geht die Gefahr auf den Auftraggeber über, soweit er sie nicht schon
       nach § 7 trägt.

§ 13 Mängelansprüche

(1)   Der Auftragnehmer hat dem Auftraggeber seine Leistung zum Zeitpunkt der Abnahme
       frei von Sachmängeln zu verschaffen. Die Leistung ist zur Zeit der Abnahme frei von
       Sachmängeln, wenn sie die vereinbarte Beschaffenheit hat und den anerkannten Regeln
       der Technik entspricht. Ist die Beschaffenheit nicht vereinbart, so ist die Leistung zur
       Zeit der Abnahme frei von Sachmängeln,

       1. wenn sie sich für die nach dem Vertrag vorausgesetzte,

       sonst

       2. für die gewöhnliche Verwendung eignet und eine Beschaffenheit aufweist, die bei
       Werken der gleichen Art üblich ist und die der Auftraggeber nach der Art der Leistung
       erwarten kann.

(2)   Bei Leistungen nach Probe gelten die Eigenschaften der Probe als vereinbarte Beschaf-
       fenheit, soweit nicht Abweichungen nach der Verkehrssitte als bedeutungslos anzuse-
       hen sind. Dies gilt auch für Proben, die erst nach Vertragsabschluss als solche an-
       erkannt sind.

(3) Ist ein Mangel zurückzuführen auf die Leistungsbeschreibung oder auf Anordnungen des Auftraggebers, auf die von diesem gelieferten oder vorgeschriebenen Stoffe oder Bauteile oder die Beschaffenheit der Vorleistung eines anderen Unternehmers, haftet der Auftragnehmer, es sei denn, er hat die ihm nach § 4 Absatz 3 obliegende Mitteilung gemacht.

(4) 1. Ist für Mängelansprüche keine Verjährungsfrist im Vertrag vereinbart, so beträgt sie für Bauwerke 4 Jahre, für andere Werke, deren Erfolg in der Herstellung, Wartung oder Veränderung einer Sache besteht, und für die vom Feuer berührten Teile von Feuerungsanlagen 2 Jahre. Abweichend von Satz 1 beträgt die Verjährungsfrist für feuerberührte und abgasdämmende Teile von industriellen Feuerungsanlagen 1 Jahr.

2. Ist für Teile von maschinellen und elektrotechnischen/elektronischen Anlagen, bei denen die Wartung Einfluss auf Sicherheit und Funktionsfähigkeit hat, nichts anderes vereinbart, beträgt für diese Anlagenteile die Verjährungsfrist für Mängelansprüche abweichend von Nummer 1 zwei Jahre, wenn der Auftraggeber sich dafür entschieden hat, dem Auftragnehmer die Wartung für die Dauer der Verjährungsfrist nicht zu übertragen; dies gilt auch, wenn für weitere Leistungen eine andere Verjährungsfrist vereinbart ist.

3. Die Frist beginnt mit der Abnahme der gesamten Leistung; nur für in sich abgeschlossene Teile der Leistung beginnt sie mit der Teilabnahme (§ 12 Absatz 2).

(5) 1. Der Auftragnehmer ist verpflichtet, alle während der Verjährungsfrist hervortretenden Mängel, die auf vertragswidrige Leistung zurückzuführen sind, auf seine Kosten zu beseitigen, wenn es der Auftraggeber vor Ablauf der Frist schriftlich verlangt. Der Anspruch auf Beseitigung der gerügten Mängel verjährt in 2 Jahren, gerechnet vom Zugang des schriftlichen Verlangens an, jedoch nicht vor Ablauf der Regelfristen nach Absatz 4 oder der an ihrer Stelle vereinbarten Frist. Nach Abnahme der Mängelbeseitigungsleistung beginnt für diese Leistung eine Verjährungsfrist von 2 Jahren neu, die jedoch nicht vor Ablauf der Regelfristen nach Absatz 4 oder der an ihrer Stelle vereinbarten Frist endet.

2. Kommt der Auftragnehmer der Aufforderung zur Mängelbeseitigung in einer vom Auftraggeber gesetzten angemessenen Frist nicht nach, so kann der Auftraggeber die Mängel auf Kosten des Auftragnehmers beseitigen lassen.

(6) Ist die Beseitigung des Mangels für den Auftraggeber unzumutbar oder ist sie unmöglich oder würde sie einen unverhältnismäßig hohen Aufwand erfordern und wird sie deshalb vom Auftragnehmer verweigert, so kann der Auftraggeber durch Erklärung gegenüber dem Auftragnehmer die Vergütung mindern (§ 638 BGB).

(7) 1. Der Auftragnehmer haftet bei schuldhaft verursachten Mängeln für Schäden aus der Verletzung des Lebens, des Körpers oder der Gesundheit.

2. Bei vorsätzlich oder grob fahrlässig verursachten Mängeln haftet er für alle Schäden.

3. Im Übrigen ist dem Auftraggeber der Schaden an der baulichen Anlage zu ersetzen, zu deren Herstellung, Instandhaltung oder Änderung die Leistung dient, wenn ein wesentlicher Mangel vorliegt, der die Gebrauchsfähigkeit erheblich beeinträchtigt und auf ein Verschulden des Auftragnehmers zurückzuführen ist. Einen darüber hinausgehenden Schaden hat der Auftragnehmer nur dann zu ersetzen,

a) wenn der Mangel auf einem Verstoß gegen die anerkannten Regeln der Technik beruht,

b) wenn der Mangel in dem Fehlen einer vertraglich vereinbarten Beschaffenheit besteht oder

c) soweit der Auftragnehmer den Schaden durch Versicherung seiner gesetzlichen Haftpflicht gedeckt hat oder durch eine solche zu tarifmäßigen, nicht auf außergewöhnliche Verhältnisse abgestellten Prämien und Prämienzuschlägen bei einem im Inland zum Geschäftsbetrieb zugelassenen Versicherer hätte decken können.

4. Abweichend von Absatz 4 gelten die gesetzlichen Verjährungsfristen, soweit sich der Auftragnehmer nach Nummer 3 durch Versicherung geschützt hat oder hätte schützen können, oder soweit ein besonderer Versicherungsschutz vereinbart ist.

5. Eine Einschränkung oder Erweiterung der Haftung kann in begründeten Sonderfällen vereinbart werden.

§ 14 Abrechnung

(1)   Der Auftragnehmer hat seine Leistungen prüfbar abzurechnen. Er hat die Rechnungen übersichtlich aufzustellen und dabei die Reihenfolge der Posten einzuhalten und die in den Vertragsbestandteilen enthaltenen Bezeichnungen zu verwenden. Die zum Nachweis von Art und Umfang der Leistung erforderlichen Mengenberechnungen, Zeichnungen und andere Belege sind beizufügen. Änderungen und Ergänzungen des Vertrags sind in der Rechnung besonders kenntlich zu machen; sie sind auf Verlangen getrennt abzurechnen.

(2)   Die für die Abrechnung notwendigen Feststellungen sind dem Fortgang der Leistung entsprechend möglichst gemeinsam vorzunehmen. Die Abrechnungsbestimmungen in den Technischen Vertragsbedingungen und den anderen Vertragsunterlagen sind zu beachten. Für Leistungen, die bei Weiterführung der Arbeiten nur schwer feststellbar sind, hat der Auftragnehmer rechtzeitig gemeinsame Feststellungen zu beantragen.

(3)   Die Schlussrechnung muss bei Leistungen mit einer vertraglichen Ausführungsfrist von höchstens 3 Monaten spätestens 12 Werktage nach Fertigstellung eingereicht werden, wenn nichts anderes vereinbart ist; diese Frist wird um je 6 Werktage für je weitere 3 Monate Ausführungsfrist verlängert.

(4)   Reicht der Auftragnehmer eine prüfbare Rechnung nicht ein, obwohl ihm der Auftraggeber dafür eine angemessene Frist gesetzt hat, so kann sie der Auftraggeber selbst auf Kosten des Auftragnehmers aufstellen.

§ 15 Stundenlohnarbeiten

(1)   1. Stundenlohnarbeiten werden nach den vertraglichen Vereinbarungen abgerechnet.

2. Soweit für die Vergütung keine Vereinbarungen getroffen worden sind, gilt die ortsübliche Vergütung. Ist diese nicht zu ermitteln, so werden die Aufwendungen des Auftragnehmers für Lohn- und Gehaltskosten der Baustelle, Lohn- und Gehaltsnebenkosten der Baustelle, Stoffkosten der Baustelle, Kosten der Einrichtungen, Geräte, Maschinen und maschinellen Anlagen der Baustelle, Fracht-, Fuhr- und Ladekosten, Sozialkassenbeiträge und Sonderkosten, die bei wirtschaftlicher Betriebsführung entste-

hen, mit angemessenen Zuschlägen für Gemeinkosten und Gewinn (einschließlich allgemeinem Unternehmerwagnis) zuzüglich Umsatzsteuer vergütet.

(2) Verlangt der Auftraggeber, dass die Stundenlohnarbeiten durch einen Polier oder eine andere Aufsichtsperson beaufsichtigt werden, oder ist die Aufsicht nach den einschlägigen Unfallverhütungsvorschriften notwendig, so gilt Absatz 1 entsprechend.

(3) Dem Auftraggeber ist die Ausführung von Stundenlohnarbeiten vor Beginn anzuzeigen. Über die geleisteten Arbeitsstunden und den dabei erforderlichen, besonders zu vergütenden Aufwand für den Verbrauch von Stoffen, für Vorhaltung von Einrichtungen, Geräten, Maschinen und maschinellen Anlagen, für Frachten, Fuhr- und Ladeleistungen sowie etwaige Sonderkosten sind, wenn nichts anderes vereinbart ist, je nach der Verkehrssitte werktäglich oder wöchentlich Listen (Stundenlohnzettel) einzureichen. Der Auftraggeber hat die von ihm bescheinigten Stundenlohnzettel unverzüglich, spätestens jedoch innerhalb von 6 Werktagen nach Zugang, zurückzugeben. Dabei kann er Einwendungen auf den Stundenlohnzetteln oder gesondert schriftlich erheben. Nicht fristgemäß zurückgegebene Stundenlohnzettel gelten als anerkannt.

(4) Stundenlohnrechnungen sind alsbald nach Abschluss der Stundenlohnarbeiten, längstens jedoch in Abständen von 4 Wochen, einzureichen. Für die Zahlung gilt § 16.

(5) Wenn Stundenlohnarbeiten zwar vereinbart waren, über den Umfang der Stundenlohnleistungen aber mangels rechtzeitiger Vorlage der Stundenlohnzettel Zweifel bestehen, so kann der Auftraggeber verlangen, dass für die nachweisbar ausgeführten Leistungen eine Vergütung vereinbart wird, die nach Maßgabe von Absatz 1 Nummer 2 für einen wirtschaftlich vertretbaren Aufwand an Arbeitszeit und Verbrauch von Stoffen, für Vorhaltung von Einrichtungen, Geräten, Maschinen und maschinellen Anlagen, für Frachten, Fuhr- und Ladeleistungen sowie etwaige Sonderkosten ermittelt wird.

§ 16 Zahlung

(1) 1. Abschlagszahlungen sind auf Antrag in möglichst kurzen Zeitabständen oder zu den vereinbarten Zeitpunkten zu gewähren, und zwar in Höhe des Wertes der jeweils nachgewiesenen vertragsgemäßen Leistungen einschließlich des ausgewiesenen, darauf entfallenden Umsatzsteuerbetrages. Die Leistungen sind durch eine prüfbare Aufstellung nachzuweisen, die eine rasche und sichere Beurteilung der Leistungen ermöglichen muss. Als Leistungen gelten hierbei auch die für die geforderte Leistung eigens angefertigten und bereitgestellten Bauteile sowie die auf der Baustelle angelieferten Stoffe und Bauteile, wenn dem Auftraggeber nach seiner Wahl das Eigentum an ihnen übertragen ist oder entsprechende Sicherheit gegeben wird.

2. Gegenforderungen können einbehalten werden. Andere Einbehalte sind nur in den im Vertrag und in den gesetzlichen Bestimmungen vorgesehenen Fällen zulässig.

3. Ansprüche auf Abschlagszahlungen werden binnen 18 Werktagen nach Zugang der Aufstellung fällig.

4. Die Abschlagszahlungen sind ohne Einfluss auf die Haftung des Auftragnehmers; sie gelten nicht als Abnahme von Teilen der Leistung.

(2) 1. Vorauszahlungen können auch nach Vertragsabschluss vereinbart werden; hierfür ist auf Verlangen des Auftraggebers ausreichende Sicherheit zu leisten. Diese Vorauszahlungen sind, sofern nichts anderes vereinbart wird, mit 3 v. H. über dem Basiszinssatz des § 247 BGB zu verzinsen.

2. Vorauszahlungen sind auf die nächstfälligen Zahlungen anzurechnen, soweit damit Leistungen abzugelten sind, für welche die Vorauszahlungen gewährt worden sind.

(3)   1. Der Anspruch auf die Schlusszahlung wird alsbald nach Prüfung und Feststellung der vom Auftragnehmer vorgelegten Schlussrechnung fällig, spätestens innerhalb von 2 Monaten nach Zugang. Werden Einwendungen gegen die Prüfbarkeit unter Angabe der Gründe hierfür nicht spätestens innerhalb von 2 Monaten nach Zugang der Schlussrechnung erhoben, so kann der Auftraggeber sich nicht mehr auf die fehlende Prüfbarkeit berufen. Die Prüfung der Schlussrechnung ist nach Möglichkeit zu beschleunigen. Verzögert sie sich, so ist das unbestrittene Guthaben als Abschlagszahlung sofort zu zahlen.

2. Die vorbehaltlose Annahme der Schlusszahlung schließt Nachforderungen aus, wenn der Auftragnehmer über die Schlusszahlung schriftlich unterrichtet und auf die Ausschlusswirkung hingewiesen wurde.

3. Einer Schlusszahlung steht es gleich, wenn der Auftraggeber unter Hinweis auf geleistete Zahlungen weitere Zahlungen endgültig und schriftlich ablehnt.

4. Auch früher gestellte, aber unerledigte Forderungen werden ausgeschlossen, wenn sie nicht nochmals vorbehalten werden.

5. Ein Vorbehalt ist innerhalb von 24 Werktagen nach Zugang der Mitteilung nach den Nummern 2 und 3 über die Schlusszahlung zu erklären. Er wird hinfällig, wenn nicht innerhalb von weiteren 24 Werktagen – beginnend am Tag nach Ablauf der in Satz 1 genannten 24 Werktage – eine prüfbare Rechnung über die vorbehaltenen Forderungen eingereicht oder, wenn das nicht möglich ist, der Vorbehalt eingehend begründet wird.

6. Die Ausschlussfristen gelten nicht für ein Verlangen nach Richtigstellung der Schlussrechnung und -zahlung wegen Aufmaß-, Rechen- und Übertragungsfehlern.

(4)   In sich abgeschlossene Teile der Leistung können nach Teilabnahme ohne Rücksicht auf die Vollendung der übrigen Leistungen endgültig festgestellt und bezahlt werden.

(5)   1. Alle Zahlungen sind aufs Äußerste zu beschleunigen.

2. Nicht vereinbarte Skontoabzüge sind unzulässig.

3. Zahlt der Auftraggeber bei Fälligkeit nicht, so kann ihm der Auftragnehmer eine angemessene Nachfrist setzen. Zahlt er auch innerhalb der Nachfrist nicht, so hat der Auftragnehmer vom Ende der Nachfrist an Anspruch auf Zinsen in Höhe der in § 288 Absatz 2 BGB angegebenen Zinssätze, wenn er nicht einen höheren Verzugsschaden nachweist.

4. Zahlt der Auftraggeber das fällige unbestrittene Guthaben nicht innerhalb von 2 Monaten nach Zugang der Schlussrechnung, so hat der Auftragnehmer für dieses Guthaben abweichend von Nummer 3 (ohne Nachfristsetzung) ab diesem Zeitpunkt Anspruch auf Zinsen in Höhe der in § 288 Absatz 2 BGB angegebenen Zinssätze, wenn er nicht einen höheren Verzugsschaden nachweist.

5. Der Auftragnehmer darf in den Fällen der Nummern 3 und 4 die Arbeiten bis zur Zahlung einstellen, sofern die dem Auftraggeber zuvor gesetzte angemessene Nachfrist erfolglos verstrichen ist.

(6)   Der Auftraggeber ist berechtigt, zur Erfüllung seiner Verpflichtungen aus den Absätzen 1 bis 5 Zahlungen an Gläubiger des Auftragnehmers zu leisten, soweit sie an der

Ausführung der vertraglichen Leistung des Auftragnehmers aufgrund eines mit diesem abgeschlossenen Dienst- oder Werkvertrags beteiligt sind, wegen Zahlungsverzugs des Auftragnehmers die Fortsetzung ihrer Leistung zu Recht verweigern und die Direktzahlung die Fortsetzung der Leistung sicherstellen soll. Der Auftragnehmer ist verpflichtet, sich auf Verlangen des Auftraggebers innerhalb einer von diesem gesetzten Frist darüber zu erklären, ob und inwieweit er die Forderungen seiner Gläubiger anerkennt; wird diese Erklärung nicht rechtzeitig abgegeben, so gelten die Voraussetzungen für die Direktzahlung als anerkannt.

§ 17 Sicherheitsleistung

(1) 1. Wenn Sicherheitsleistung vereinbart ist, gelten die §§ 232 bis 240 BGB, soweit sich aus den nachstehenden Bestimmungen nichts anderes ergibt.

2. Die Sicherheit dient dazu, die vertragsgemäße Ausführung der Leistung und die Mängelansprüche sicherzustellen.

(2) Wenn im Vertrag nichts anderes vereinbart ist, kann Sicherheit durch Einbehalt oder Hinterlegung von Geld oder durch Bürgschaft eines Kreditinstituts oder Kreditversicherers geleistet werden, sofern das Kreditinstitut oder der Kreditversicherer

1. in der Europäischen Gemeinschaft oder

2. in einem Staat der Vertragsparteien des Abkommens über den Europäischen Wirtschaftsraum oder

3. in einem Staat der Vertragsparteien des WTO-Übereinkommens über das öffentliche Beschaffungswesen

zugelassen ist.

(3) Der Auftragnehmer hat die Wahl unter den verschiedenen Arten der Sicherheit; er kann eine Sicherheit durch eine andere ersetzen.

(4) Bei Sicherheitsleistung durch Bürgschaft ist Voraussetzung, dass der Auftraggeber den Bürgen als tauglich anerkannt hat. Die Bürgschaftserklärung ist schriftlich unter Verzicht auf die Einrede der Vorausklage abzugeben (§ 771 BGB); sie darf nicht auf bestimmte Zeit begrenzt und muss nach Vorschrift des Auftraggebers ausgestellt sein. Der Auftraggeber kann als Sicherheit keine Bürgschaft fordern, die den Bürgen zur Zahlung auf erstes Anfordern verpflichtet.

(5) Wird Sicherheit durch Hinterlegung von Geld geleistet, so hat der Auftragnehmer den Betrag bei einem zu vereinbarenden Geldinstitut auf ein Sperrkonto einzuzahlen, über das beide nur gemeinsam verfügen können („Und-Konto"). Etwaige Zinsen stehen dem Auftragnehmer zu.

(6) 1. Soll der Auftraggeber vereinbarungsgemäß die Sicherheit in Teilbeträgen von seinen Zahlungen einbehalten, so darf er jeweils die Zahlung um höchstens 10 v. H. kürzen, bis die vereinbarte Sicherheitssumme erreicht ist. Sofern Rechnungen ohne Umsatzsteuer gemäß § 13b UStG gestellt werden, bleibt die Umsatzsteuer bei der Berechnung des Sicherheitseinbehalts unberücksichtigt. Den jeweils einbehaltenen Betrag hat er dem Auftragnehmer mitzuteilen und binnen 18 Werktagen nach dieser Mitteilung auf ein Sperrkonto bei dem vereinbarten Geldinstitut einzuzahlen. Gleichzeitig muss er veranlassen, dass dieses Geldinstitut den Auftragnehmer von der Einzahlung des Sicherheitsbetrags benachrichtigt. Absatz 5 gilt entsprechend.

2. Bei kleineren oder kurzfristigen Aufträgen ist es zulässig, dass der Auftraggeber den einbehaltenen Sicherheitsbetrag erst bei der Schlusszahlung auf ein Sperrkonto einzahlt.

3. Zahlt der Auftraggeber den einbehaltenen Betrag nicht rechtzeitig ein, so kann ihm der Auftragnehmer hierfür eine angemessene Nachfrist setzen. Lässt der Auftraggeber auch diese verstreichen, so kann der Auftragnehmer die sofortige Auszahlung des einbehaltenen Betrags verlangen und braucht dann keine Sicherheit mehr zu leisten.

4. Öffentliche Auftraggeber sind berechtigt, den als Sicherheit einbehaltenen Betrag auf eigenes Verwahrgeldkonto zu nehmen; der Betrag wird nicht verzinst.

(7) Der Auftragnehmer hat die Sicherheit binnen 18 Werktagen nach Vertragsabschluss zu leisten, wenn nichts anderes vereinbart ist. Soweit er diese Verpflichtung nicht erfüllt hat, ist der Auftraggeber berechtigt, vom Guthaben des Auftragnehmers einen Betrag in Höhe der vereinbarten Sicherheit einzubehalten. Im Übrigen gelten die Absätze 5 und 6 außer Nummer 1 Satz 1 entsprechend.

(8) 1. Der Auftraggeber hat eine nicht verwertete Sicherheit für die Vertragserfüllung zum vereinbarten Zeitpunkt, spätestens nach Abnahme und Stellung der Sicherheit für Mängelansprüche zurückzugeben, es sei denn, dass Ansprüche des Auftraggebers, die nicht von der gestellten Sicherheit für Mängelansprüche umfasst sind, noch nicht erfüllt sind. Dann darf er für diese Vertragserfüllungsansprüche einen entsprechenden Teil der Sicherheit zurückhalten.

2. Der Auftraggeber hat eine nicht verwertete Sicherheit für Mängelansprüche nach Ablauf von 2 Jahren zurückzugeben, sofern kein anderer Rückgabezeitpunkt vereinbart worden ist. Soweit jedoch zu diesem Zeitpunkt seine geltend gemachten Ansprüche noch nicht erfüllt sind, darf er einen entsprechenden Teil der Sicherheit zurückhalten.

§ 18 Streitigkeiten

(1) Liegen die Voraussetzungen für eine Gerichtsstandvereinbarung nach § 38 der Zivilprozessordnung vor, richtet sich der Gerichtsstand für Streitigkeiten aus dem Vertrag nach dem Sitz der für die Prozessvertretung des Auftraggebers zuständigen Stelle, wenn nichts anderes vereinbart ist. Sie ist dem Auftragnehmer auf Verlangen mitzuteilen.

(2) 1. Entstehen bei Verträgen mit Behörden Meinungsverschiedenheiten, so soll der Auftragnehmer zunächst die der auftraggebenden Stelle unmittelbar vorgesetzte Stelle anrufen. Diese soll dem Auftragnehmer Gelegenheit zur mündlichen Aussprache geben und ihn möglichst innerhalb von 2 Monaten nach der Anrufung schriftlich bescheiden und dabei auf die Rechtsfolgen des Satzes 3 hinweisen. Die Entscheidung gilt als anerkannt, wenn der Auftragnehmer nicht innerhalb von 3 Monaten nach Eingang des Bescheides schriftlich Einspruch beim Auftraggeber erhebt und dieser ihn auf die Ausschlussfrist hingewiesen hat.

2. Mit dem Eingang des schriftlichen Antrages auf Durchführung eines Verfahrens nach Nummer 1 wird die Verjährung des in diesem Antrag geltend gemachten Anspruchs gehemmt. Wollen Auftraggeber oder Auftragnehmer das Verfahren nicht weiter betreiben, teilen sie dies dem jeweils anderen Teil schriftlich mit. Die Hemmung endet 3 Monate nach Zugang des schriftlichen Bescheides oder der Mitteilung nach Satz 2.

(3) Daneben kann ein Verfahren zur Streitbeilegung vereinbart werden. Die Vereinbarung sollte mit Vertragsabschluss erfolgen.

(4)   Bei Meinungsverschiedenheiten über die Eigenschaft von Stoffen und Bauteilen, für die
        allgemeingültige Prüfungsverfahren bestehen, und über die Zulässigkeit oder Zuverläs-
        sigkeit der bei der Prüfung verwendeten Maschinen oder angewendeten Prüfungsver-
        fahren kann jede Vertragspartei nach vorheriger Benachrichtigung der anderen Ver-
        tragspartei die materialtechnische Untersuchung durch eine staatliche oder staatlich an-
        erkannte Materialprüfungsstelle vornehmen lassen; deren Feststellungen sind verbind-
        lich. Die Kosten trägt der unterliegende Teil.

(5)   Streitfälle berechtigen den Auftragnehmer nicht, die Arbeiten einzustellen.

12 Sachwortverzeichnis

Printed in the United States
By Bookmasters